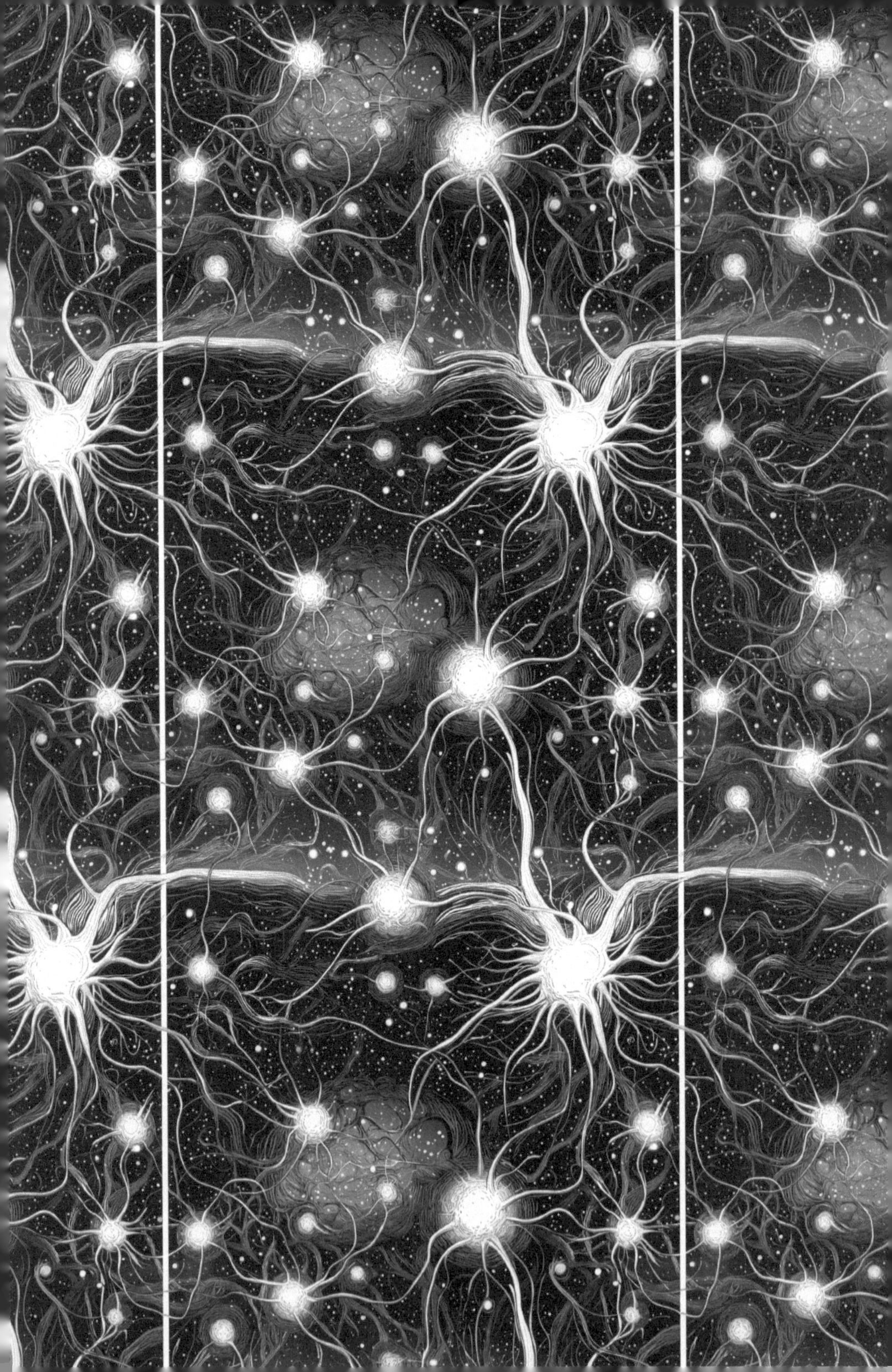

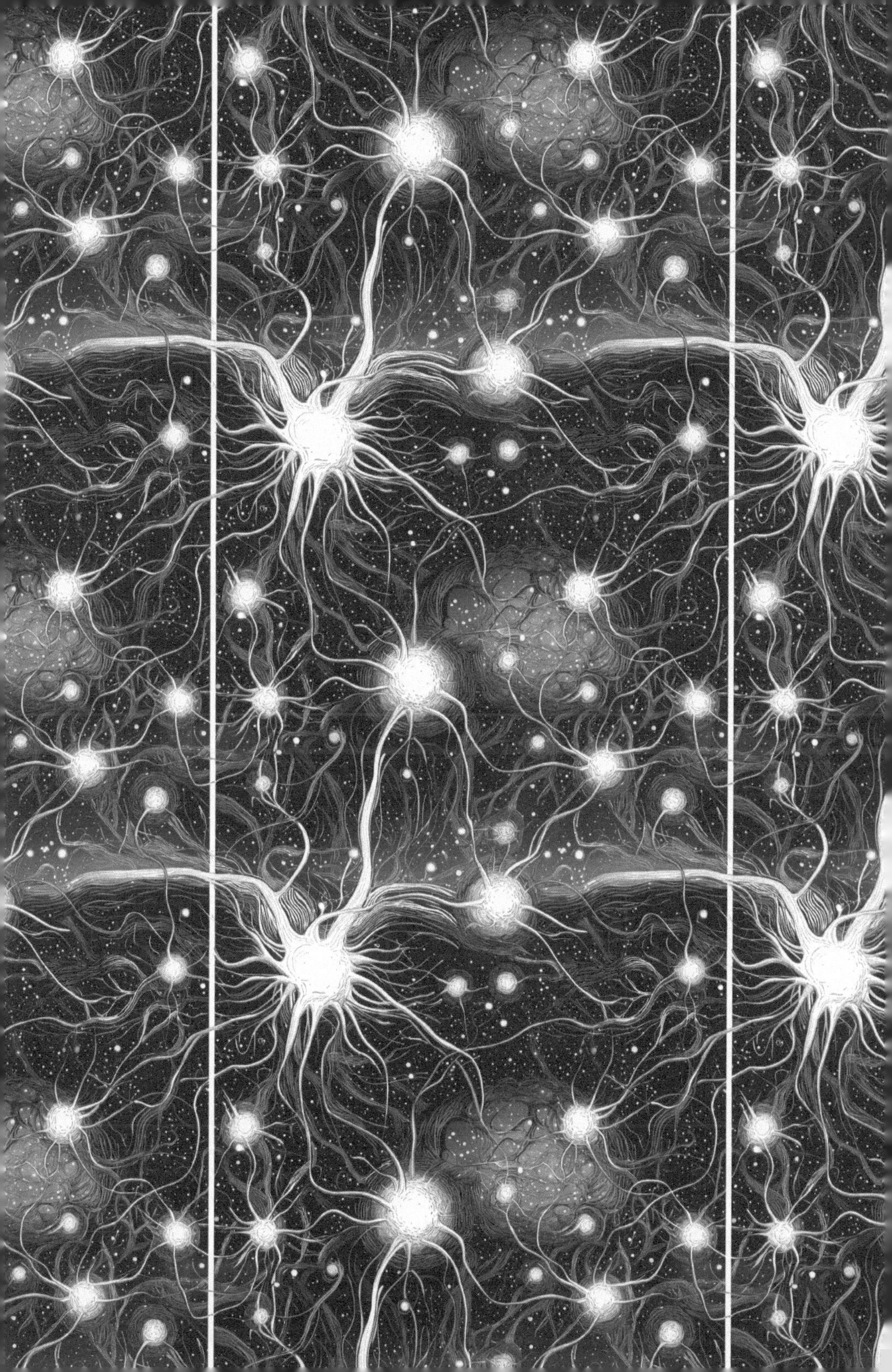

Aviso legal

Saage Media GmbH
c/o SpinLab – The HHL Accelerator
Spinnereistraße 7
04179 Leipzig, Germany
E-Mail: contact@SaageMedia.com
Web: www.SaageMedia.com
Commercial Register: Local Court Leipzig, HRB 42755 (Handelsregister: Amtsgericht Leipzig, HRB 42755)
Managing Director: Rico Saage (Geschäftsführer)
VAT ID Number: DE369527893 (USt-IdNr.)

Editorial: Saage Media GmbH
Publicación: 02.2025
Diseño de portada: Saage Media GmbH
ISBN Tapa blanda (es): 978-3-384-52629-8
ISBN Ebook (es): 978-3-384-52630-4

Legal / Avisos

Las referencias y citas contenidas en este libro han sido cuidadosamente investigadas y reproducidas en su significado. La interpretación y presentación del contenido citado refleja la comprensión del autor y no necesariamente corresponde con la intención u opinión de los autores originales. Para las citas parafraseadas, las declaraciones principales de las fuentes originales se han incorporado al contexto de esta obra según el mejor saber y entender, pero pueden desviarse de las formulaciones originales y matices de significado debido a la transferencia y simplificación. Todas las fuentes utilizadas están completamente listadas en la bibliografía y pueden leerse allí en el original. La responsabilidad de la interpretación y la incorporación contextual del contenido citado recae en el autor de este libro. Para preguntas científicas e información detallada, se recomienda consultar las fuentes originales. El autor se ha esforzado por presentar temas científicos complejos de manera generalmente comprensible. No se pueden excluir simplificaciones y generalizaciones. No se puede garantizar la exactitud técnica y la integridad de las presentaciones simplificadas. La reproducción parafraseada de citas y hallazgos científicos se realiza conscientemente cumpliendo con la ley de citas según § 51 UrhG y todas las disposiciones relevantes de derechos de autor de otros países. Al simplificar, transferir y posiblemente traducir contenido científico a un lenguaje generalmente comprensible, se pueden perder matices de significado y detalles técnicos. El autor no reclama derechos sobre las obras citadas y respeta todos los derechos de autor de los autores originales. Si se detecta un uso no autorizado, el autor solicita ser notificado para tomar las medidas apropiadas. Para fines académicos y cuando se utiliza como referencia científica, se recomienda expresamente consultar las fuentes originales. La presentación simplificada sirve exclusivamente para información científica popular.

La información contenida en este libro sobre la investigación del cerebro, las neurociencias y la neuroplasticidad se basa en una cuidadosa investigación y en el estado científico en el momento de la impresión. Sin embargo, los conocimientos científicos en este campo de investigación dinámico pueden evolucionar continuamente. Los métodos presentados para el entrenamiento cerebral y la optimización cognitiva deben entenderse como información general y no sustituyen el asesoramiento médico o terapéutico individual. En caso de molestias de salud o síntomas neurológicos, es imprescindible consultar a un médico o neurólogo. La implementación de los ejercicios y métodos de entrenamiento descritos se realiza bajo la propia responsabilidad. Se excluye expresamente cualquier responsabilidad por posibles efectos negativos o daños que puedan resultar de la aplicación de la información presentada. Todos los términos médicos utilizados, nombres comerciales de medicamentos o procedimientos terapéuticos pueden estar protegidos por derechos de marca y se utilizan sin garantía de libre disponibilidad. Todas las fuentes científicas están enumeradas en la bibliografía.

Bendis Saage

Neurociencia y Cerebro: Cómo Funciona el Cerebro en la Era Digital

Una guía esencial sobre mente y cerebro, el cerebro optimista y el desarrollo neurológico desde la infancia hasta la edad adulta

113 Fuentes
43 Diagramas
47 Imágenes
7 Ilustraciones

Queridos lectores,

les agradecemos de corazón que hayan elegido este libro. Con su elección, no solo nos han brindado su confianza, sino también parte de su valioso tiempo. Lo apreciamos mucho.

Nuestro cerebro es un órgano fascinante que determina nuestro pensamiento, sentimiento y acción, pero ¿cómo funciona realmente? Este libro especializado ofrece una visión completa de la investigación moderna sobre el cerebro y explica de manera comprensible los complejos procesos de la neuroplasticidad, el desarrollo cerebral y la capacidad cognitiva. Desde el desarrollo infantil hasta la vejez, se iluminan los hallazgos más importantes de las neurociencias. Los lectores se benefician de perspectivas prácticas sobre el aprendizaje optimizado para el cerebro y métodos de entrenamiento basados en evidencia. La conexión entre fundamentos científicos y aplicación práctica permite comprender mejor y fomentar de manera específica la propia capacidad cognitiva. El libro transmite conocimientos sólidos sobre neuroplasticidad, formación de la memoria e inteligencia emocional, ideal para todos aquellos que deseen aprender más sobre el funcionamiento de su cerebro. Descubra el emocionante mundo de las neurociencias y utilice los hallazgos de la investigación moderna sobre el cerebro para su desarrollo personal y profesional.

Esta guía le proporciona información comprensible y práctica sobre un tema complejo. Gracias a herramientas digitales desarrolladas internamente que también utilizan redes neuronales, pudimos realizar investigaciones exhaustivas. El contenido se ha estructurado de manera óptima y desarrollado hasta la versión final para proporcionarle una visión general bien fundamentada y de fácil acceso. El resultado: obtiene una visión integral y se beneficia de explicaciones claras y ejemplos ilustrativos. El diseño visual también se ha optimizado mediante este método avanzado para que pueda captar y utilizar la información rápidamente.

Nos esforzamos por la máxima precisión, pero agradecemos cualquier indicación de posibles errores. Visite nuestro sitio web para encontrar las últimas correcciones y adiciones a este libro. Estas también se incorporarán en futuras ediciones.

¡Esperamos que disfrute leyendo y descubriendo cosas nuevas! Si tiene sugerencias, críticas o preguntas, esperamos sus comentarios. Solo mediante el intercambio activo con ustedes, los lectores, las futuras ediciones y obras podrán ser aún mejores. ¡Manténgase curioso!

Bendis Saage

Saage Media GmbH - Equipo

- www.SaageBooks.com/es
- support@saagemedia.com
- Spinnereistraße 7 - c/o SpinLab – The HHL Accelerator, 04179 Leipzig, Germany

Acceso rápido al conocimiento

Para garantizar una experiencia de lectura óptima, nos gustaría familiarizarle con las características principales de este libro:

- **Estructura Modular:** Cada capítulo es independiente y puede leerse sin depender de los demás.
- **Investigación Exhaustiva:** Todos los capítulos se basan en una investigación exhaustiva y están respaldados por referencias científicas. Los datos mostrados en los diagramas sirven para una mejor visualización y se basan en suposiciones, no en los datos proporcionados en las fuentes. Una lista completa de fuentes y créditos de imágenes se encuentra en el apéndice.
- **Terminología Clara:** Los términos técnicos subrayados se explican en el glosario.
- **Resúmenes de Capítulos:** Al final de cada capítulo, encontrará resúmenes concisos que le dan una visión general de los puntos clave.
- **Recomendaciones Concretas:** Cada subcapítulo concluye con una lista de consejos específicos para ayudarle a poner en práctica lo aprendido.

Materiales adicionales de bonificación en nuestro sitio web

En nuestro sitio web, planeamos poner a su disposición los siguientes materiales exclusivos:

- Contenido adicional y capítulos extra
- Un resumen general compacto
- Una versión de radioteatro. (En planificación)

El sitio web está actualmente en construcción.

www.SaageBooks.com/es/
investigacion_cerebral_y_neurociencias-bonus-BAJ7BRV

Índice

1. Fundamentos de la investigación cerebral

¿Cómo surge de miles de millones de células nerviosas una conciencia que percibe, siente y comprende el mundo? El cerebro humano es considerado el sistema más complejo conocido en el universo y aún encierra numerosos enigmas sin resolver. La investigación cerebral moderna combina estudios anatómicos clásicos con técnicas de imagen avanzadas y métodos de biología molecular. Desde las funciones básicas de las neuronas individuales hasta los logros cognitivos complejos, se va desvelando poco a poco la comprensión de nuestro órgano más importante. Las siguientes páginas nos introducen en el fascinante mundo de las neurociencias y muestran cómo los investigadores desentrañan los secretos del cerebro.

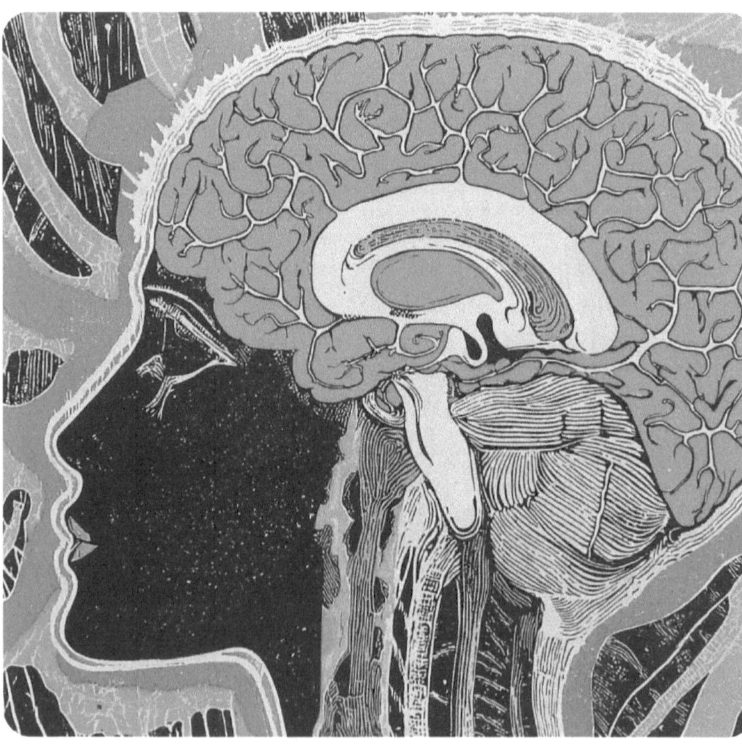

1. 1 Principios de la neurociencia

Este capítulo 'Principios de las neurociencias' ilumina los componentes y procesos fundamentales del sistema nervioso: estructura, conexión y fundamentos bioquímicos. Comprender estos principios es esencial para descifrar las complejas funciones del cerebro, desde la percepción hasta el comportamiento. Al mismo tiempo, esto abre nuevas perspectivas para abordar enfermedades neurológicas y optimizar las capacidades cognitivas. Sumérgete en el fascinante mundo de la comunicación neuronal y descubre los secretos del cerebro.

La interacción de genes, medio ambiente y experiencia moldea continuamente la estructura y función del cerebro, desde el desarrollo prenatal hasta la edad adulta.

Estructura del sistema nervioso

El sistema nervioso se divide en el sistema nervioso central (SNC) y el sistema nervioso periférico (SNP). El SNC, que consiste en el cerebro y la médula espinal, procesa información y controla las funciones corporales. El SNP, una red de nervios que atraviesa todo el cuerpo, transmite información sensorial al SNC y envía órdenes motoras del SNC a los músculos y glándulas [s1]. El desarrollo del cerebro, la parte más compleja del SNC, comienza ya en la tercera semana de gestación y se extiende hasta la adolescencia tardía. Este proceso es dinámico y se ve influenciado tanto por factores genéticos como ambientales [s1]. Desde las primeras etapas del desarrollo, se forman conexiones neuronales excesivas que, con el tiempo, son moldeadas por experiencias y reducidas a través de un proceso de "pruning" [s1]. Por ejemplo, las experiencias en la primera infancia pueden influir de manera duradera en la conectividad sináptica del cerebro, estableciendo así la base para habilidades cognitivas posteriores. El cerebro maduro está compuesto por más de 100 mil millones de neuronas, que están interconectadas a través de más de 60 billones de sinapsis, formando redes neuronales complejas [s1]. Estas redes están organizadas en sustancia gris, que consiste principalmente en neuronas, y sustancia blanca, que está compuesta por axones mielinizados [s1]. La mielinización, que es esencial para la transmisión eficiente de señales en el sistema nervioso, continúa hasta la adolescencia tardía [s2]. Este desarrollo continuo de la mielinización subraya la importancia de las influencias ambientales y las experiencias durante la adolescencia para el desarrollo cognitivo. La integración sensorial, un proceso en el que el sistema nervioso procesa e integra información sensorial de diversas fuentes, como el sistema vestibular, propioceptivo y táctil, es crucial para la ejecución de acciones y la adaptación al entorno [s3]. Una integración sensorial bien funcionante nos permite, por ejemplo, mantener el equilibrio al

caminar, percibir la posición de nuestras extremidades en el espacio y sentir la textura del suelo bajo nuestros pies. Las alteraciones en la modulación sensorial, que conducen a reacciones excesivas o insuficientes a los estímulos sensoriales, pueden afectar significativamente la vida cotidiana [s3]. La neuroplasticidad, la capacidad del sistema nervioso para cambiar en respuesta a experiencias, juega un papel crucial en la integración sensorial y permite que el cerebro se adapte a condiciones sensoriales cambiantes [s3].

Bueno saber

Integración Sensorial

La integración sensorial es la capacidad del cerebro para procesar información de diferentes sistemas sensoriales como la vista, el oído, el tacto, el olfato y el gusto, y combinarla en un todo coherente. Esto nos permite percibir nuestro entorno y responder adecuadamente.

Mielinización

La mielinización es la formación de una vaina de mielina alrededor de los axones de las neuronas. Esta vaina de mielina actúa como una capa aislante y aumenta la velocidad de conducción de los nervios.

Neurona

Las neuronas son las células especializadas del sistema nervioso responsables de la transmisión de información en forma de señales eléctricas y químicas. Están compuestas por un cuerpo celular, dendritas y un axón.

Neuroplasticidad

La neuroplasticidad describe la capacidad del cerebro para cambiar estructural y funcionalmente a lo largo de la vida. Esta adaptabilidad permite al cerebro responder a nuevas experiencias y procesos de aprendizaje, así como recuperarse de lesiones.

Distribución de los componentes del sistema nervioso

Distribución aproximada de las células en el sistema nervioso humano.

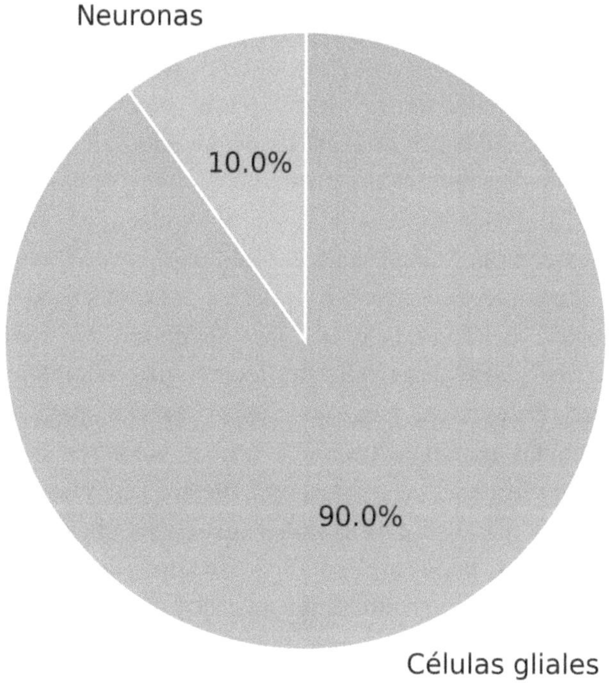

- CEL: Células gliales
- NEU: Neuronas

La gran mayoría de las células del sistema nervioso son células gliales, lo que destaca su crucial papel de apoyo para la función neuronal. Mientras que las neuronas son responsables del procesamiento de la información, la mayor proporción de células gliales sugiere la importancia de mantener un entorno saludable para la actividad neuronal. Esto incluye proporcionar soporte estructural, aislamiento y suministro de nutrientes.

Conexiones neuronales

Las conexiones neuronales forman la base del procesamiento de información en el cerebro. Los proyectos de investigación actuales se centran en mapear detalladamente estas redes complejas para entender los principios de su organización y su influencia en el comportamiento [s4]. No se trata solo de representar las conexiones entre neuronas, sino también de desarrollar tecnologías que permitan un análisis de estos datos con una resolución sin precedentes [s5]. Al igual que en la elaboración de un diagrama de circuitos, se intenta capturar las conexiones entre células individuales e incluso fibras axonales en el cerebro de humanos y primates [s6]. Este mapeo de conexiones neuronales, similar a descifrar un circuito electrónico complejo, promete nuevas perspectivas sobre el funcionamiento del cerebro y la aparición de enfermedades neurológicas [s7]. El desarrollo de tecnologías complementarias de imagen y reconstrucción juega un papel crucial para responder a diversas preguntas de investigación y probar hipótesis específicas [s5] [s6]. Por ejemplo, mediante microscopía electrónica y secuenciación de ADN, se pueden reconstruir neuronas y sus conexiones sinápticas en el rango nanométrico para explorar los detalles de la comunicación neuronal [s7]. Al combinar diferentes métodos, como el uso de vectores virales para marcar poblaciones neuronales específicas [s8], los científicos pueden definir con precisión las estructuras de entrada y salida de las neuronas y examinar su significado funcional en el comportamiento. El análisis de la conectividad de las neuronas, es decir, sus conexiones entre sí, permite identificar

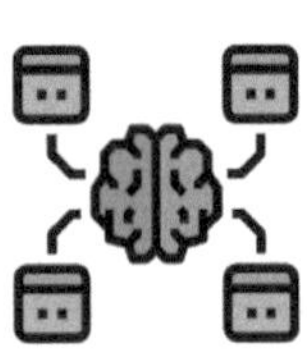

circuitos neuronales y entender su papel en el procesamiento de información. La integración de datos anatómicos con mediciones funcionales de la actividad neuronal proporciona una imagen completa del procesamiento de información en el cerebro [s8]. Por ejemplo, se pueden investigar circuitos de retroalimentación entre neuronas, que son comunes en los centros de aprendizaje del cerebro

[s9], para entender las bases neuronales de los procesos de aprendizaje. La identificación de puntos centrales (hubs) en la red neuronal, que presentan un número especialmente alto de conexiones y a menudo están asociados con centros de aprendizaje [s9], permite descifrar los principios de organización de los circuitos neuronales. Por lo tanto, la investigación de las conexiones neuronales es clave para entender las funciones complejas del cerebro y ofrece nuevos enfoques para el diagnóstico y tratamiento de enfermedades neurológicas.

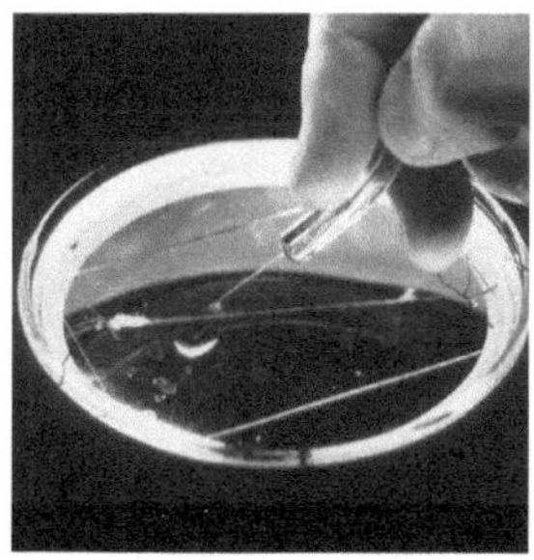

axón [i1]

Microscopio electrónico [i2]

Bueno saber

Circuito de retroalimentación

Un mecanismo en el que la salida de un sistema se retroalimenta como entrada para influir en la salida futura. En el cerebro, los circuitos de retroalimentación juegan un papel importante en la regulación de la actividad neuronal y los procesos de aprendizaje.

Sinapsis

Punto de conexión entre dos células nerviosas o entre una célula nerviosa y otra célula (por ejemplo, una célula muscular), donde se transmiten informaciones.

Axón

Prolongación de una célula nerviosa que transmite señales eléctricas desde el cuerpo celular a otras células nerviosas, músculos o glándulas.

Hubs

En el contexto de las redes neuronales, los hubs son neuronas o regiones cerebrales con un número especialmente alto de conexiones a otras neuronas o regiones. Juegan un papel importante en la integración y distribución de información en el cerebro.

Rango nanométrico

Un rango de tamaños extremadamente pequeños, un nanómetro es una milmillonésima parte de un metro. Las estructuras en el rango nanométrico no son visibles a simple vista.

Fuerza Sináptica a lo Largo del Tiempo

Ilustra el cambio en la fuerza sináptica en función de la frecuencia de estimulación.

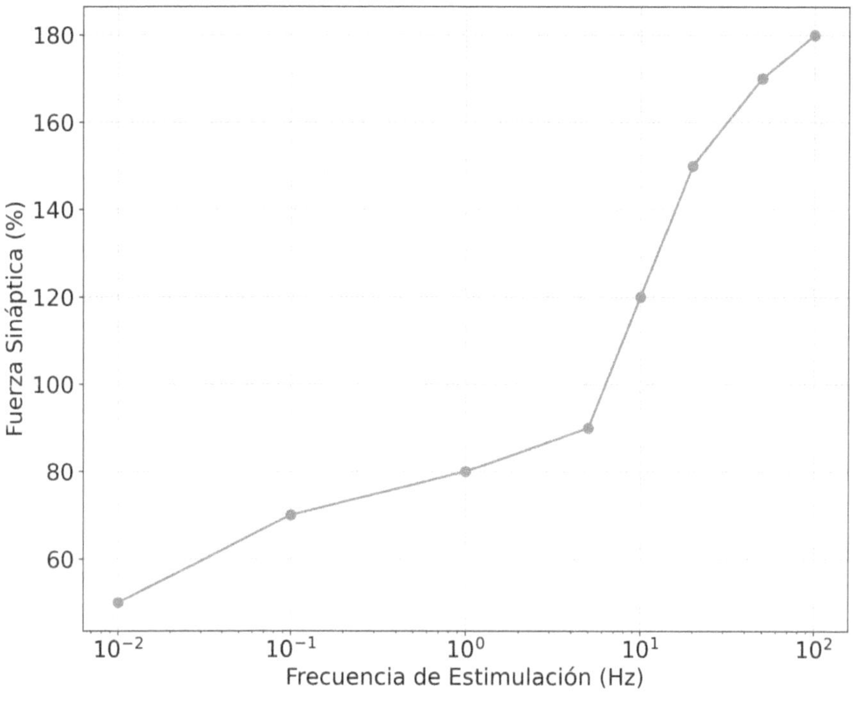

Esta gráfica muestra el principio de Hebb en acción: la estimulación frecuente conduce a la potenciación a largo plazo (PLP), fortaleciendo la conexión sináptica, mientras que la estimulación infrecuente resulta en la depresión a largo plazo (DLP), debilitando la conexión. Este ajuste dinámico de la fuerza sináptica es fundamental para el aprendizaje y la memoria.

Procesos bioquímicos

Los procesos bioquímicos son indispensables para la función del sistema nervioso y afectan tanto la comunicación entre neuronas como el desarrollo y la plasticidad del cerebro. Estos procesos se basan en una variedad de moléculas, incluidos neurotransmisores, enzimas y factores de transcripción, que en interacciones complejas regulan la transmisión de señales, el metabolismo y la expresión génica [s10]. Los neurotransmisores, como el glutamato y el GABA, permiten la comunicación entre neuronas en las sinapsis. Estas moléculas mensajeras químicas se unen a receptores en la membrana postsináptica y desencadenan una cascada de señales intracelulares que influyen en la actividad de la neurona postsináptica. La regulación precisa de esta transmisión de señales es crucial para el procesamiento de información en el cerebro. Las enzimas catalizan reacciones bioquímicas que son esenciales para el metabolismo y la síntesis de neurotransmisores. También juegan un papel en la modificación de proteínas involucradas en la plasticidad sináptica, influyendo así en los procesos de aprendizaje y memoria. Los factores de transcripción como CREB regulan la expresión génica y controlan la síntesis de proteínas necesarias para la formación y el mantenimiento de sinapsis [s10]. La activación de CREB por la actividad neuronal puede promover la plasticidad sináptica y, por lo tanto, apoyar la formación de recuerdos. A través del fortalecimiento de

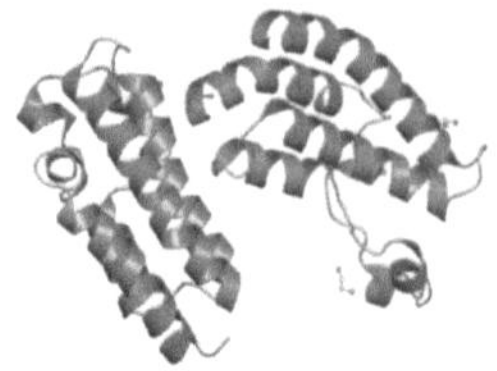

CREB [i3]

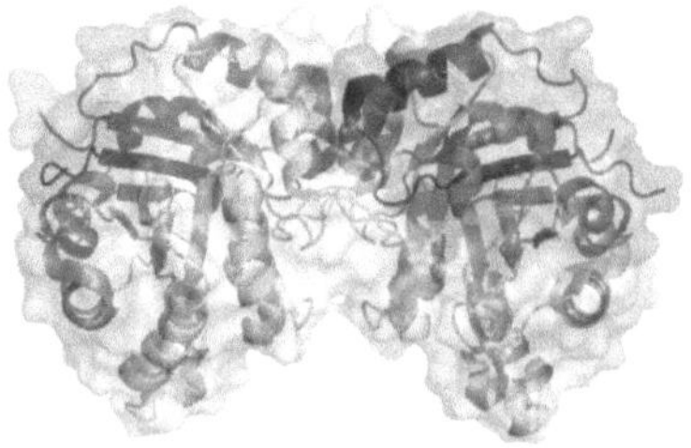

Enzimas [i4]

conexiones sinápticas, como la activación repetida, los contenidos de memoria pueden almacenarse a largo plazo. Estos

cambios bioquímicos en las sinapsis forman la base de los procesos de aprendizaje y la adaptación del cerebro a nuevas experiencias [s11]. Comprender estos procesos puede ayudar a desarrollar estrategias para mejorar el aprendizaje, optimizando la saliencia, la intensidad y la repetición de los contenidos de aprendizaje [s11]. Por ejemplo, el aprendizaje concentrado con repeticiones regulares puede fomentar la plasticidad sináptica y, por lo tanto, la formación de recuerdos. También las redes neuronales que apoyan la toma de decisiones sociales y la moralidad se ven influenciadas por procesos bioquímicos [s12]. Las disfunciones en estas redes, como en la psicopatía, pueden llevar a cambios en el comportamiento y la interacción social [s12].

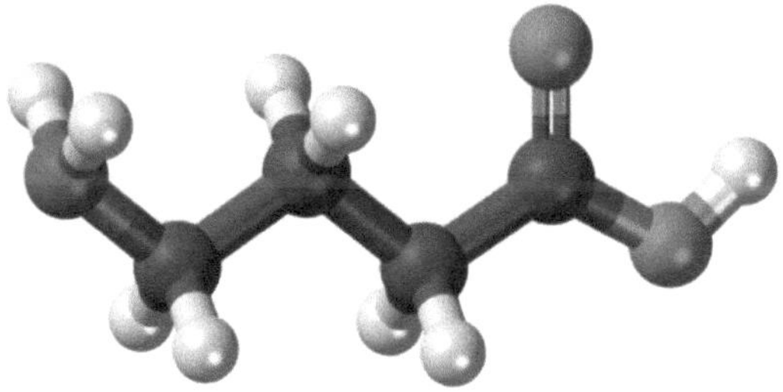

GABA [i5]

CREB

CREB (proteína de unión al elemento de respuesta a cAMP) es un factor de transcripción que se activa por la actividad neuronal y regula la expresión de genes involucrados en la plasticidad sináptica y la formación de recuerdos.

Factor de transcripción

Los factores de transcripción son proteínas que regulan la expresión génica al controlar la transcripción de ADN a ARN. Influyen en la síntesis de proteínas y juegan un papel importante en el desarrollo y la función de las células.

Neurotransmisor

Los neurotransmisores son moléculas mensajeras químicas que transmiten señales entre las células nerviosas a través de las sinapsis. Diferentes neurotransmisores tienen funciones distintas en el cerebro e influyen en el estado de ánimo, el sueño, el apetito y el aprendizaje.

Intracelular

Intracelular se refiere a procesos que ocurren dentro de una célula. Las señales intracelulares juegan un papel importante en el procesamiento de información y el control de las funciones celulares.

Concentración y efecto de los neurotransmisores

Relación entre la concentración de neurotransmisores, la intensidad del efecto y la prevalencia en el cerebro.

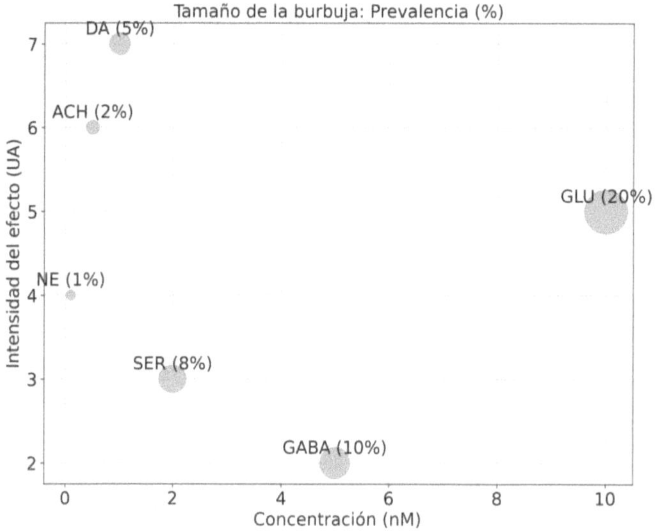

Blasengröße: Prevalencia (%)

ACH: Acetilcolina	DA: Dopamina
GABA: GABA	GLU: Glutamato
NE: Norepinefrina	SER: Serotonina

Las concentraciones más altas de ciertos neurotransmisores generalmente se correlacionan con efectos más fuertes. Sin embargo, algunos neurotransmisores con menor prevalencia muestran efectos potentes incluso a bajas concentraciones, lo que sugiere una alta afinidad por los receptores o una acción localizada. La variabilidad en el tamaño refleja la diversidad de funciones que desempeñan estos neurotransmisores en el cerebro, con burbujas más grandes que indican una influencia más amplia en diversas funciones cognitivas.

1. 2 Neurociencia cognitiva

Las neurociencias cognitivas investigan cómo nuestro cerebro procesa, almacena y utiliza la información para tomar decisiones. Desde la percepción del entorno hasta las funciones de la memoria y los complejos procesos de toma de decisiones, este capítulo ilumina las bases neuronales de nuestras capacidades cognitivas. Se destacan tanto los beneficios cotidianos de un rendimiento cognitivo óptimo como los desafíos que surgen cuando este se ve afectado. Sumérgete en el fascinante mundo de la cognición y descubre los procesos que determinan nuestro pensamiento y acción.

La percepción no es una recepción pasiva, sino una construcción activa de nuestra realidad, marcada por experiencias individuales, contexto cultural y plasticidad neuronal.

Procesamiento de la percepción

El procesamiento de la percepción describe cómo nuestro cerebro recibe, organiza e interpreta la información sensorial de nuestro entorno para construir una representación significativa del mundo. Este proceso no es pasivo, sino activo y constructivo, influenciado por nuestras experiencias, expectativas y nuestro contexto cultural [s13] [s14]. Así, las personas de culturas de Asia oriental tienden a percibir información contextual, mientras que las culturas occidentales se centran más en los objetos centrales [s13]. Estas diferencias culturales se reflejan en la actividad neuronal en el corteza visual ventral, que es responsable del procesamiento de la percepción. Los asiáticos orientales muestran una mayor activación al procesar información contextual, mientras que los occidentales responden más a los objetos [s13]. Quienes deseen entrenar sus habilidades perceptivas en la vida cotidiana pueden intentar percibir conscientemente el entorno en su totalidad, en lugar de centrarse solo en objetos individuales. Preste atención, por ejemplo, durante su próximo paseo, no solo al camino frente a usted, sino también a los árboles, casas y personas a su alrededor. Los primeros años de vida son cruciales para el desarrollo del procesamiento de la percepción [s15]. La plasticidad neuronal es especialmente alta en este período, lo que significa que las experiencias influyen fuertemente en el desarrollo de los circuitos neuronales en el cerebro. Así, los bebés se especializan con el tiempo en los rostros de su entorno y pierden la capacidad de distinguir entre rostros de otras culturas tan bien como en los primeros meses de vida [s15]. Esto demuestra cómo las experiencias en la primera infancia moldean el posterior procesamiento de la percepción. Las influencias culturales también se manifiestan en el procesamiento de estímulos sociales y emocionales [s14]. La amígdala, una región del cerebro involucrada en el procesamiento de emociones, reacciona de manera diferente a las señales sociales, dependiendo del contexto cultural. Esto sugiere que tanto mecanismos universales como específicos de la cultura influyen en la percepción emocional. La investigación en neurociencias culturales utiliza técnicas de imagen como la resonancia magnética funcional (fMRI) y potenciales relacionados con eventos (ERPs) para investigar las bases neuronales de las diferencias culturales en el procesamiento de la percepción [s14]. La investigación futura debería examinar más de cerca la influencia de factores como el estatus socioeconómico y el proceso de aculturación en el procesamiento neuronal [s14]. El desarrollo de habilidades lingüísticas está estrechamente relacionado con el procesamiento perceptivo de los sonidos del habla [s15] [s16]. Desde temprano en la vida, los bebés pueden distinguir unidades fonémicas y esta habilidad se correlaciona con competencias lingüísticas y de lectura posteriores [s16]. La interacción social juega un papel importante, ya que fomenta la atención y el compromiso de los bebés, mejorando así el procesamiento del lenguaje [s16]. Aquí también se manifiesta la importancia de las experiencias tempranas para el desarrollo del procesamiento de la percepción. En resumen, el procesamiento de la percepción es un proceso complejo y dinámico que se ve influenciado por una variedad de factores. Desde nuestras experiencias tempranas y nuestro contexto cultural hasta los mecanismos neuronales que subyacen al procesamiento de la información sensorial, diferentes niveles interactúan para dar forma a nuestra percepción individual del mundo. Comprender estos procesos puede ayudarnos a mejorar y optimizar nuestras propias habilidades perceptivas.

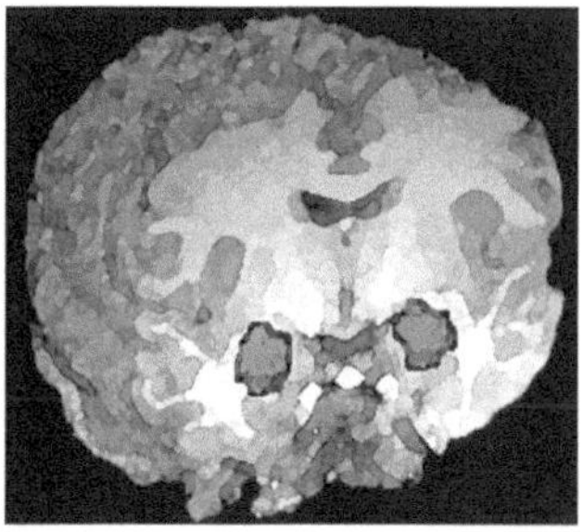

Amígdala [i6]

Bueno saber

Aculturación

El proceso de adaptación a una nueva cultura, que influye en la percepción, el pensamiento y el comportamiento, y puede afectar el procesamiento neuronal.

Amígdala

Estructura en forma de almendra en el cerebro que está involucrada en el procesamiento de emociones, especialmente el miedo y la ansiedad, y juega un papel importante en la evaluación emocional de situaciones.

Corteza visual ventral

Esta parte del cerebro juega un papel clave en el reconocimiento de objetos y el procesamiento visual de información que es crucial para nuestra comprensión del mundo.

Plasticidad neuronal

La capacidad del cerebro para cambiar y adaptarse a través de experiencias, formando nuevas conexiones neuronales o modificando las existentes. Es la base del aprendizaje y el desarrollo.

Unidades fonémicas

Las unidades de sonido más pequeñas que distinguen significados en un idioma, que forman la base para la percepción y procesamiento del lenguaje.

Tiempo de procesamiento de estímulos sensoriales

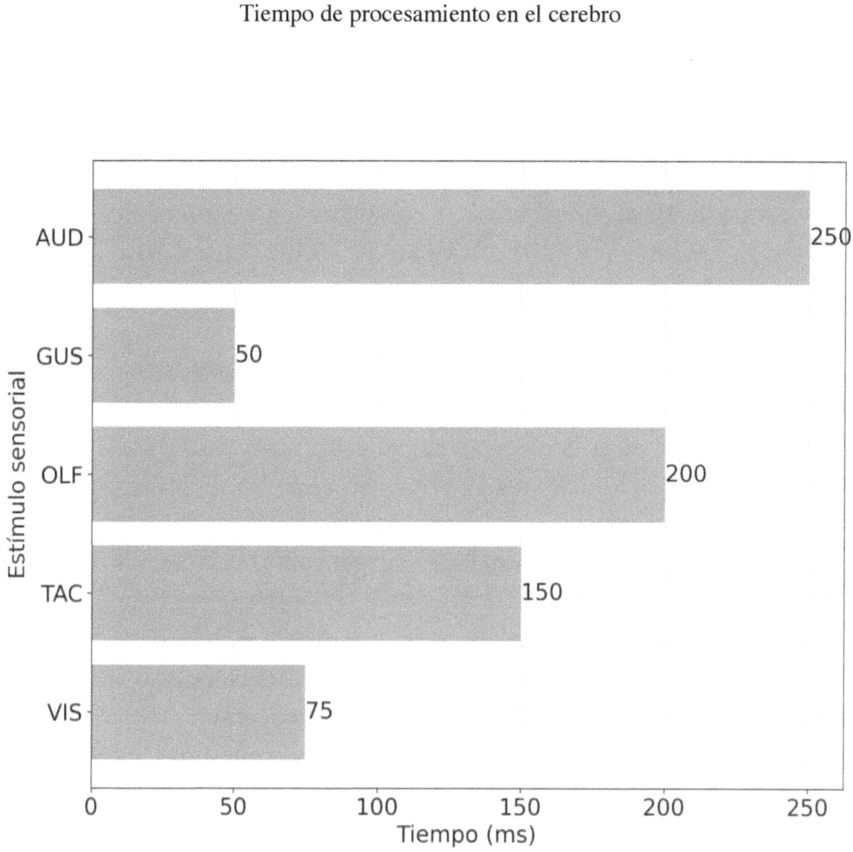

AUD: Audición

GUS: Gusto

OLF: Olfato

TAC: Tacto

VIS: Visión

El diagrama de barras horizontal visualiza el tiempo estimado de procesamiento de diferentes estímulos sensoriales en el cerebro. El procesamiento más rápido se da con el sentido del tacto, seguido del oído. El gusto y el olfato requieren un poco más de tiempo y el procesamiento visual es el más complejo y requiere más tiempo.

Funciones de la memoria

Las funciones de la memoria son complejas y se pueden dividir en diferentes sistemas que interactúan y cumplen diversas tareas [s17]. Un área central es la memoria de trabajo, que almacena y procesa información temporalmente [s17] [s18]. Actúa como un bloc de notas que nos permite recordar números de teléfono brevemente o completar un pensamiento mientras estamos expuestos a otros estímulos [s18]. Este sistema está estrechamente vinculado a la corteza prefrontal y a la corteza parietal posterior, regiones cerebrales responsables de funciones cognitivas superiores [s17] [s18]. No solo la actividad neuronal sostenida, sino también los cambios temporales en las synaptischen_verbindungen juegan un papel en el funcionamiento de la memoria de trabajo [s18]. Al dirigir la atención de manera intencionada hacia representaciones almacenadas internamente, que provienen de la memoria a largo plazo, información sensorial o motora, se incorpora información a la memoria de trabajo [s18]. Practique enfocar su concentración, por ejemplo, tratando de memorizar una lista de compras mientras realiza otra actividad, como escuchar música. La memoria declarativa, en cambio, almacena hechos y eventos que podemos recuperar conscientemente: nuestro conocimiento sobre el mundo y nuestras experiencias personales [s17]. El hipocampo y el lóbulo temporal medial son estructuras centrales para la formación y recuperación de recuerdos declarativos [s17]. Además de la memoria de trabajo y la memoria declarativa, existe la memoria no declarativa. Esta abarca habilidades, hábitos y condicionamientos que generalmente operan de manera inconsciente, como andar en bicicleta o escribir en un teclado [s17]. El sueño es esencial para la consolidación de los contenidos de la memoria, con diferentes fases del sueño apoyando distintos tipos de memoria [s17]. Una dieta equilibrada con suficiente ácidos grasos omega-3 puede influir positivamente en la plasticidad sináptica y, por ende, en el rendimiento de la memoria [s19]. Al mismo tiempo, grandes cantidades de ácidos grasos saturados pueden afectar negativamente el procesamiento cognitivo [s19]. La combinación de dieta y ejercicio también tiene un efecto positivo en la plasticidad sináptica y, por lo tanto, en la función de la memoria [s19]. Asegúrese de obtener suficiente omega-3 a través del consumo de pescado graso o la ingesta de suplementos dietéticos. Combine esto con actividad física regular para optimizar su rendimiento de memoria.

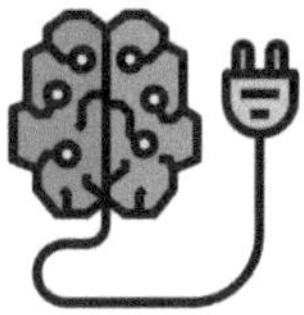

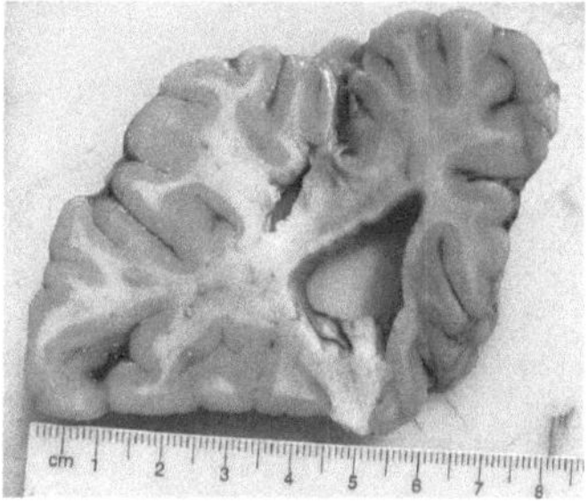

Lóbulo parietal [i7]

corteza parietal posterior

La corteza parietal posterior está involucrada en el procesamiento de información espacial, el control de movimientos y la atención. Integra información sensorial de diferentes modalidades para crear una representación coherente del mundo que nos rodea. Lesiones en esta área pueden llevar a dificultades en la orientación espacial, la ejecución de movimientos dirigidos y la atención visual.

Memoria no declarativa

La memoria no declarativa, también conocida como memoria implícita, almacena conocimiento procedimental, habilidades, hábitos y condicionamientos que se recuperan de manera inconsciente. Ejemplos de esto son andar en bicicleta, nadar o tocar un instrumento musical. Este sistema de memoria nos permite realizar acciones automatizadas sin tener que pensar conscientemente en ellas.

Plasticidad sináptica

La plasticidad sináptica se refiere a la capacidad de las sinapsis para cambiar su fuerza en respuesta a la actividad neuronal. Esta adaptabilidad es la base del aprendizaje y la memoria. La potenciación a largo plazo (LTP) y la depresión a largo plazo (LTD) son mecanismos importantes de la plasticidad sináptica que aumentan o disminuyen la eficiencia de la transmisión sináptica.

Distribución de las Funciones de Memoria

Visualización de las proporciones de los diferentes tipos de memoria dentro de la arquitectura cognitiva.

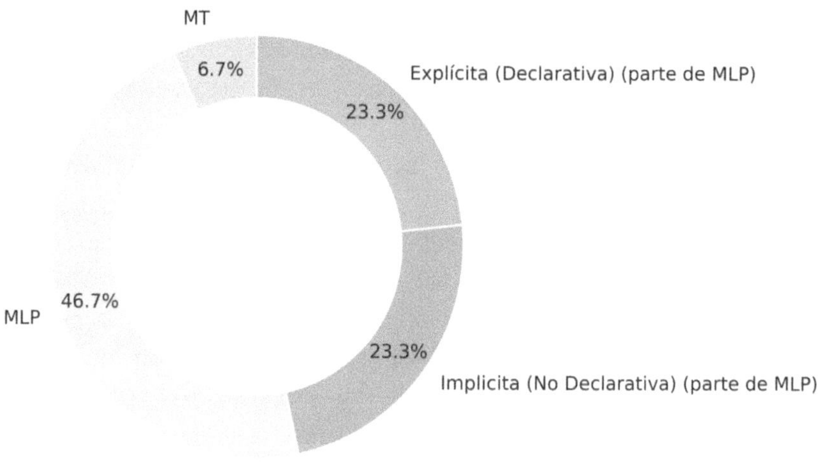

EXP: Explícita (Declarativa) (parte de MLP)

IMP: Implicita (No Declarativa) (parte de MLP)

MLP: Memoria a Largo Plazo

MT: Memoria de Trabajo

Mientras que la memoria a largo plazo domina en términos de capacidad de almacenamiento, sus subdivisiones de memoria explícita (consciente) e implícita (inconsciente) destacan las diversas formas en que retenemos y recuperamos información. La proporción relativamente menor de memoria de trabajo subraya su papel crucial como centro de procesamiento activo, manipulando y actualizando constantemente la información tanto de la entrada sensorial como del almacenamiento a largo plazo. Esta interacción entre los diferentes sistemas de memoria permite funciones cognitivas complejas.

Procesos de decisión

Los procesos de decisión son complejos y están influenciados por diversos factores. Las decisiones sociales requieren considerar las intenciones y objetivos de los demás, donde la llamada *Teoría de la mente* juega un papel central [s20]. Las redes neuronales que procesan decisiones sociales incluyen áreas para la evaluación de estímulos, la comprensión de estados mentales y la selección de respuestas [s20]. Las decisiones morales se basan en la integración de expectativas estadísticas y creencias normativas, que son moldeadas por contextos culturales e históricos [s20]. La empatía y la motivación por la justicia son factores decisivos que influyen en la sensibilidad a la injusticia [s20]. Las decisiones sociales y morales están estrechamente relacionadas con la capacidad de entender intenciones y evaluar la gravedad de los daños [s20]. Las disfunciones en estas redes neuronales pueden llevar a trastornos como la psicopatía, caracterizada por una falta de empatía y motivación moral [s20]. Además de las decisiones sociales y morales, hay otros aspectos importantes en la toma de decisiones. El procesamiento de recompensas y castigos ocurre en redes neuronales separadas. El sistema de recompensa está asociado con el *córtex prefrontal ventromedial*, mientras que el sistema aversivo involucra la *ínsula anterior* y el *córtex cingulado anterior* [s20]. Estos sistemas interactúan en decisiones que tienen tanto consecuencias positivas como negativas. Un desequilibrio en estos sistemas puede llevar a dificultades para sopesar recompensas a corto plazo frente a consecuencias a largo plazo, lo que se observa en comportamientos adictivos [s21]. La adicción puede considerarse un trastorno de la toma de decisiones, caracterizado por una disminución del autocontrol [s21]. La investigación sobre la toma de decisiones utiliza *modelos computacionales* para explicar los mecanismos del aprendizaje de recompensas [s22]. Las influencias sociales también afectan los procesos de decisión, lo que se investiga a través de la cognición social [s22]. Métodos de estimulación cerebral no invasivos se están investigando para comprender su impacto en la

toma de decisiones [s22]. La capacidad de tomar decisiones se basa en una interacción entre la actividad neuronal espontánea y las influencias externas [s23]. Los procesos neuronales inconscientes a menudo inician decisiones antes de que seamos conscientes de ellas [s23]. El *potencial de preparación*, un indicador de preparación para el movimiento, puede ser influenciado por el ruido de fondo neuronal [s23]. Sin embargo, poseemos la capacidad de detener movimientos ya iniciados, lo que sugiere una instancia de control que va más allá de la toma de decisiones consciente [s23]. Este concepto de libre albedrío se basa en un repertorio de habilidades que pueden ser activadas sin un control consciente constante [s23]. Para mejorar la toma de decisiones, puede entrenar su capacidad para suprimir reacciones impulsivas. Por ejemplo, si siente el impulso de comer un dulce poco saludable, deténgase y considere brevemente las consecuencias a largo plazo. Esta interrupción consciente del comportamiento automático fortalece los procesos de control cognitivo y promueve una toma de decisiones más equilibrada.

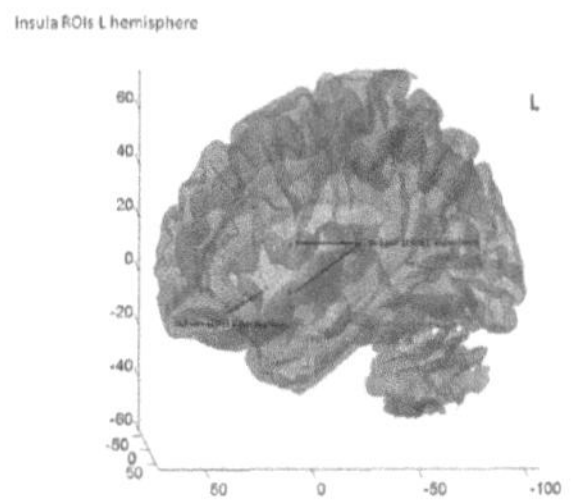

Ínsula anterior [i8]

Bueno saber

Córtex prefrontal ventromedial

Una área en el lóbulo frontal del cerebro involucrada en el procesamiento de emociones, recompensas y toma de decisiones. Las lesiones en esta área pueden llevar a cambios en el comportamiento social y la personalidad.

Métodos de estimulación cerebral no invasivos

Técnicas para influir en la actividad cerebral sin necesidad de intervención quirúrgica. Ejemplos incluyen la estimulación magnética transcraneal (TMS) y la estimulación transcraneal de corriente directa (tDCS). Se utilizan en la investigación para estudiar la función de áreas cerebrales específicas y en terapia para tratar trastornos neurológicos y psiquiátricos.

Potencial de preparación

Una señal neuronal que aparece en el cerebro poco antes de la ejecución de un movimiento voluntario. Se interpreta como una medida de la preparación del cerebro para el movimiento y puede ser medida mediante electroencefalografía (EEG).

Teoría de la mente

La capacidad de entender e interpretar los estados mentales de otras personas, como sus pensamientos, intenciones, deseos y creencias. Juega un papel importante en la interacción social y la toma de decisiones.

Tiempos de respuesta en la toma de decisiones

Tiempos de respuesta promedio para diferentes tipos de decisiones

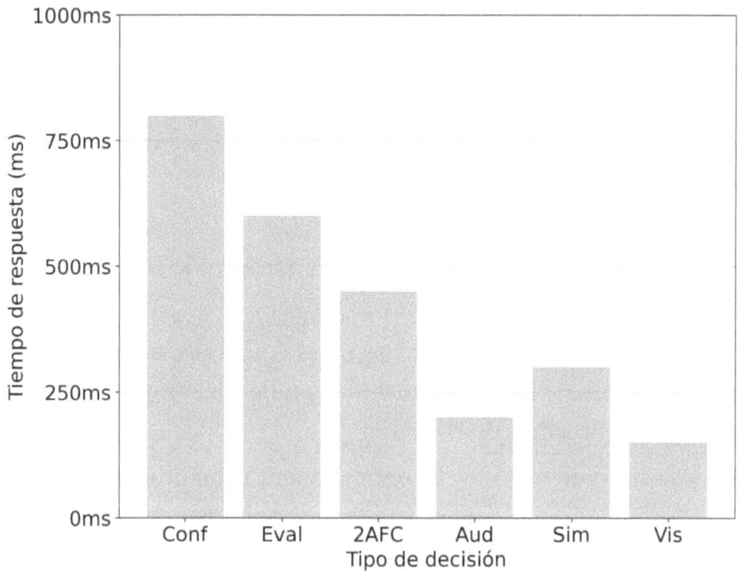

2AFC: Elección forzada de 2 alternativas

Aud: Discriminación auditiva

Conf: Resolución de conflictos (Stroop)

Eval: Evaluación basada en valor

Sim: Elección simple

Vis: Identificación visual

Los datos demuestran claramente el impacto de la complejidad de la decisión en el tiempo de respuesta. Las decisiones simples, como identificar un objeto familiar, requieren un procesamiento mínimo y, por lo tanto, exhiben los tiempos de respuesta más rápidos. A medida que aumenta la carga cognitiva, con decisiones que implican evaluación, comparación o conflicto, observamos un aumento correspondiente en el tiempo de respuesta. Esto sugiere que las decisiones más complejas involucran más regiones del cerebro y requieren un procesamiento más elaborado, lo que lleva a respuestas más lentas.

Consejos concretos

- La neurociencia cognitiva proporciona conocimientos fundamentales sobre los mecanismos neuronales de la percepción, la memoria y los procesos de toma de decisiones.
- La interacción de factores genéticos, influencias ambientales y condicionamientos culturales configura la arquitectura cognitiva individual.
- La investigación futura debería examinar la interacción dinámica de estos factores mediante imágenes multimodales y modelado computacional.
- Un enfoque prometedor es la exploración de la plasticidad neuronal en el contexto de los procesos de aprendizaje a lo largo de la vida y su influencia en el rendimiento cognitivo.
- El estudio de los correlatos neuronales de la conciencia en decisiones complejas ofrece la oportunidad de ampliar la comprensión del libre albedrío y el control de la acción.
- El desarrollo de métodos de entrenamiento cognitivo personalizados, basados en las condiciones neuronales individuales, podría mejorar la capacidad cognitiva.
- La traducción de los hallazgos neurocientíficos a la práctica requiere la colaboración interdisciplinaria entre la investigación básica, la aplicación clínica y la reflexión ética.
- Se les invita a cuestionar críticamente las perspectivas presentadas y a participar activamente en el desarrollo futuro de este fascinante campo de investigación.

1. 3 Neurociencia aplicada

Las neurociencias aplicadas traducen la investigación básica en diagnóstico y terapia. Desde la medición de la actividad neuronal mediante EEG y fMRI hasta la estimulación de áreas específicas del cerebro: los procedimientos innovadores ofrecen nuevas oportunidades para comprender y tratar enfermedades neurológicas y psiquiátricas. Al mismo tiempo, la complejidad del cerebro y la interpretación de los datos obtenidos presentan desafíos para la investigación. La neuroplasticidad, los procesos de aprendizaje y la motivación son temas centrales que muestran el potencial para la mejora cognitiva y la rehabilitación. El desarrollo de terapias personalizadas y la optimización de los procedimientos existentes son objetivos importantes de las neurociencias aplicadas. Sumérgete en el fascinante mundo de las neurociencias aplicadas y descubre la creciente comprensión de la función cerebral y su influenciabilidad.

El progreso en las neurociencias aplicadas, especialmente en el diagnóstico y la terapia, depende en gran medida de la combinación sinérgica de diferentes métodos y tecnologías.

Procedimientos de diagnóstico

Los procedimientos de diagnóstico en las neurociencias están evolucionando rápidamente, impulsados por nuevas tecnologías y descubrimientos sobre el complejo funcionamiento del cerebro. La investigación de la actividad neuronal, desde el nivel de células individuales hasta redes a gran escala, es crucial para comprender las funciones y trastornos cerebrales. Los procedimientos tradicionales como la electroencefalografía (EEG) registran la actividad eléctrica del cerebro a través de electrodos en el cuero cabelludo y proporcionan información sobre la actividad cerebral general en tiempo real. La magnetoencefalografía (MEG) mide los campos magnéticos generados por corrientes eléctricas en el cerebro y ofrece una mayor resolución espacial que el EEG. Ambos procedimientos son no invasivos y son adecuados para investigar la actividad cerebral en diferentes estados como el sueño, la vigilia y durante tareas cognitivas. [s24] Los procedimientos de imagen también juegan un papel importante en el diagnóstico neurológico. La resonancia magnética (RM) utiliza campos magnéticos y ondas de radio para crear imágenes detalladas de la estructura cerebral. Permite la representación de detalles anatómicos como la sustancia gris y blanca,

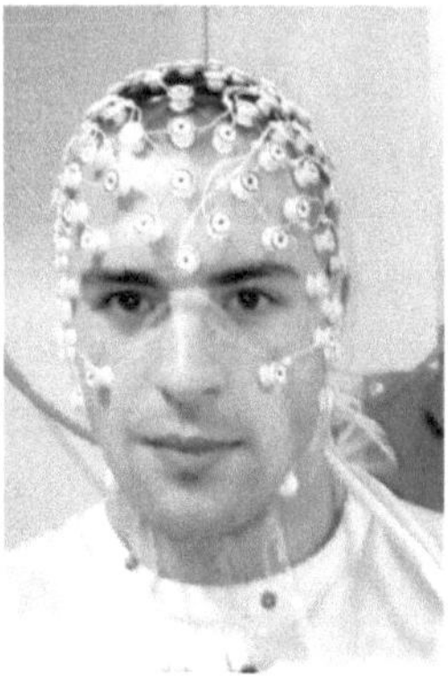

Electroencefalografía [i9]

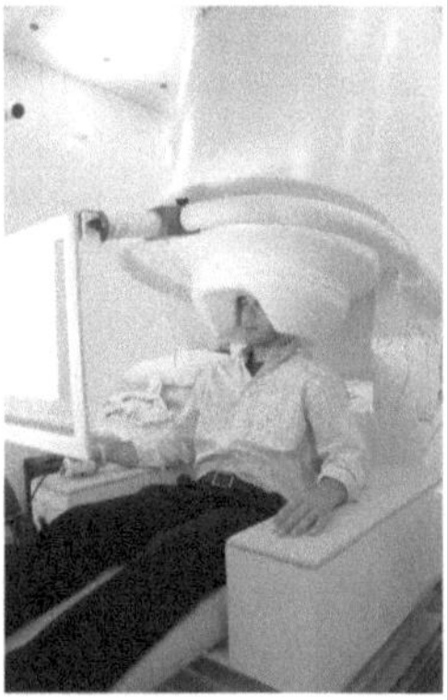

Magnetoencefalografía [i10]

ventrículos y vasos sanguíneos. La resonancia magnética funcional (fMRI) mide la actividad cerebral indirectamente a través de cambios en el flujo sanguíneo que se correlacionan con la actividad neuronal. Proporciona información sobre la distribución espacial de la actividad cerebral durante procesos cognitivos. Un paciente con trastornos del habla podría ser examinado mediante fMRI para identificar las áreas cerebrales involucradas durante una tarea de lenguaje. La tomografía por emisión de positrones (PET) utiliza trazadores radiactivos para representar procesos metabólicos en el cerebro y puede proporcionar información sobre la actividad de neurotransmisores y depósitos de proteínas. Estos procedimientos permiten una localización más precisa de lesiones cerebrales y disfunciones. [s24] Los nuevos desarrollos en neurociencia buscan crear imágenes dinámicas de la función cerebral que integren actividades neuronales y de circuitos a través del tiempo y el espacio. [s24] El desarrollo de métodos para la supervisión a gran escala de la actividad neuronal permite investigar interacciones complejas entre diferentes áreas del cerebro. La manipulación precisa de circuitos neuronales mediante herramientas de intervención innovadoras es esencial para comprender las relaciones causales entre la actividad cerebral y el comportamiento. Una comprensión más profunda de los tipos celulares en el cerebro y su conexión ayuda a esclarecer las bases de los procesos neuronales. [s24] El desarrollo de nuevas herramientas teóricas y analíticas de datos permite la interpretación de las enormes cantidades de datos generadas por los modernos procedimientos de imagen. La investigación se centra cada vez más en la neurociencia humana y el desarrollo de tecnologías innovadoras para investigar el cerebro humano y tratar sus trastornos. [s24] La integración de nuevos enfoques tecnológicos y conceptuales busca descubrir cómo los patrones dinámicos de actividad neuronal se transforman en cognición, emoción, percepción y acción. La aplicación de estos hallazgos en la práctica clínica abre nuevas posibilidades para el diagnóstico y tratamiento de enfermedades neurológicas y psiquiátricas. Un ejemplo

de esto es el desarrollo de terapias personalizadas que se adaptan al circuito neuronal individual de un paciente. El continuo desarrollo de procedimientos de diagnóstico en neurociencias promete una comprensión cada vez más precisa del complejo funcionamiento del cerebro y abre nuevas vías para el diagnóstico, tratamiento y prevención de enfermedades neurológicas.

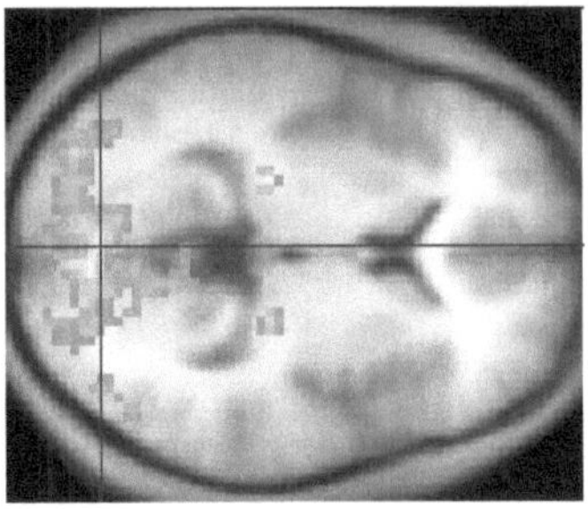

Imagen por Resonancia Magnética (IRM) [i11]

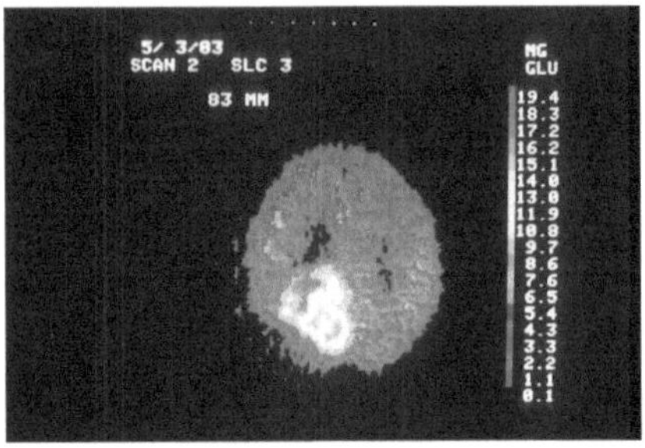

Tomografía por emisión de positrones (TEP) [i12]

electroencefalografía

Un procedimiento para medir la actividad eléctrica del cerebro mediante electrodos en el cuero cabelludo. Se utiliza comúnmente para diagnosticar epilepsia, trastornos del sueño y otras enfermedades neurológicas, y se aplica en la investigación del sueño y en el estudio de estados de conciencia.

resonancia magnética funcional

Un procedimiento que visualiza la actividad cerebral mediante la medición de cambios en el flujo sanguíneo. Se utiliza para investigar las bases neuronales de funciones cognitivas como el lenguaje, la memoria y la atención, y para evaluar los efectos de medicamentos o terapias sobre la actividad cerebral.

magnetoencefalografía

Un procedimiento para medir los campos magnéticos generados por la actividad eléctrica en el cerebro. Ofrece una alta resolución temporal y se utiliza para investigar la actividad cerebral en procesos cognitivos y para localizar focos epilépticos.

tomografía por emisión de positrones

Un procedimiento de imagen que visualiza procesos metabólicos en el cerebro mediante el uso de trazadores radiactivos. Se utiliza para investigar sistemas de neurotransmisores, detectar tumores y evaluar la eficacia del tratamiento en enfermedades neurodegenerativas.

Métodos de Diagnóstico en Neurociencia Aplicada

Frecuencia de métodos de diagnóstico utilizados en la investigación en neurociencia aplicada.

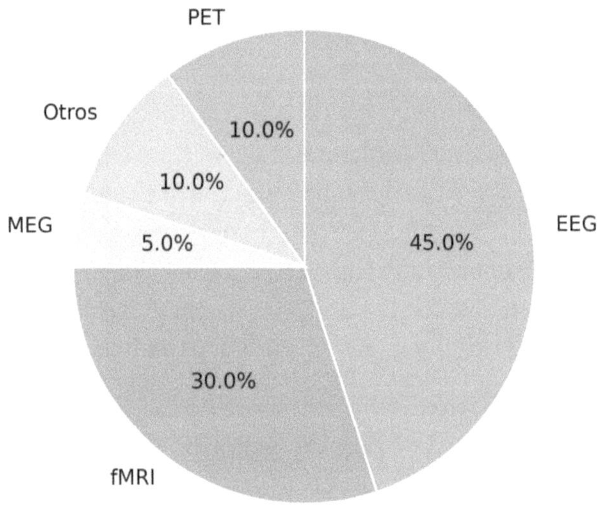

EEG: Electroencefalografía (EEG)

fMRI: Imagen por Resonancia Magnética Funcional (fMRI)

MEG: Magnetoencefalografía (MEG)

Otros: Otros (p. ej., TMS, NIRS)

PET: Tomografía por Emisión de Positrones (PET)

El EEG domina como el método más utilizado, probablemente debido a su naturaleza no invasiva, resolución temporal y asequibilidad. Le sigue la fMRI, que ofrece una buena resolución espacial para estudiar la actividad cerebral. Si bien la PET y la MEG proporcionan información valiosa, su menor uso sugiere limitaciones debido al costo, la invasividad o la disponibilidad. El porcentaje relativamente bajo de 'Otros' indica que los métodos enumerados abarcan la mayoría de los enfoques de diagnóstico en este campo.

Métodos de terapia

Los métodos de terapia en las neurociencias utilizan un amplio espectro de intervenciones que buscan mejorar las funciones neuronales y tratar enfermedades neurológicas y psiquiátricas. Un enfoque se centra en la promoción de la neuroplastizitaet, la capacidad del cerebro para cambiar a través de la experiencia. Diversos procedimientos como entrenamientos cognitivos, actividad física y estimulación cerebral no invasiva tienen como objetivo aprovechar esta adaptabilidad del cerebro y fortalecer o reorganizar las conexiones neuronales [s25]. Por ejemplo, el entrenamiento cognitivo específico puede fomentar cambios neuroplásticos en el cerebro de pacientes con déficits cognitivos y mejorar su rendimiento cognitivo [s25]. Además, enfoques innovadores como la realidad virtual y interfaces cerebro-computadora muestran resultados prometedores en la mejora de la neuroplasticidad y la rehabilitación [s25]. Además de estas intervenciones conductuales y tecnológicas, las terapias farmacológicas están ganando importancia, enfocándose en la modulación de la transmisión sináptica y el apoyo a la viabilidad neuronal [s25]. Estos tratamientos farmacológicos pueden potenciar los efectos de otros métodos de terapia, contribuyendo así a un tratamiento más integral. La combinación de diferentes enfoques terapéuticos puede generar efectos

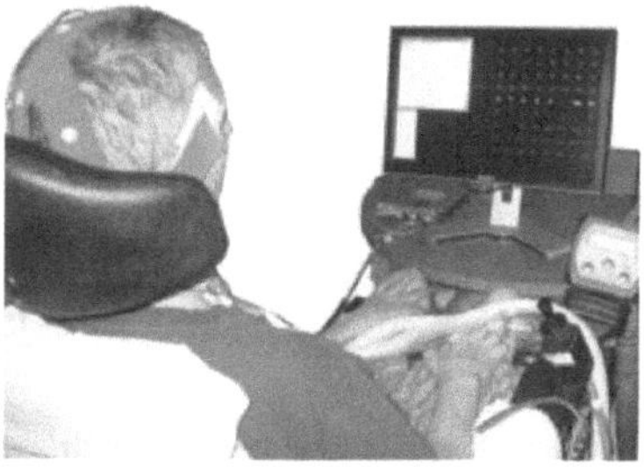

Interfaces cerebro-computadora [i13]

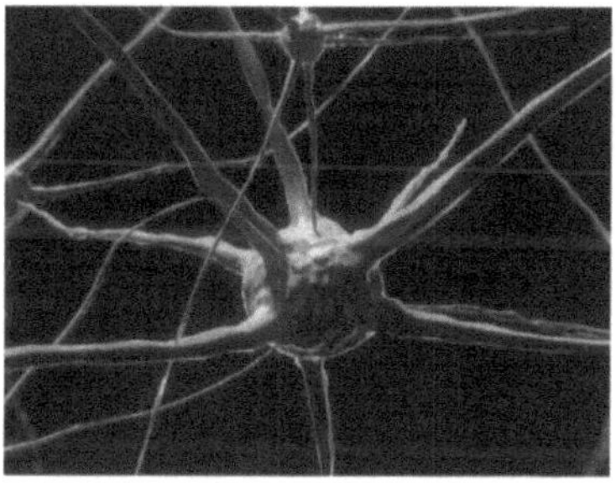

Neuroplasticidad [i14]

sinérgicos y mejorar los resultados de rehabilitación [s25]. Sin embargo, la eficacia a largo plazo de los avances logrados a través de la neuroplasticidad es un aspecto que requiere más investigación [s25]. Además, los métodos neurocientíficos como eeg y fmrt ofrecen perspectivas sobre las bases neuronales de los procesos de aprendizaje y la motivación [s26]. Los hallazgos sobre los correlatos neuronales de la mentalidad de crecimiento y la motivación intrínseca pueden contribuir al desarrollo de intervenciones que fortalezcan estos factores en contextos educativos [s26]. Un entorno de aprendizaje positivo que fomente la motivación intrínseca puede influir

positivamente en los procesos neuronales relacionados con la dopamina y la recompensa, haciendo que el aprendizaje sea más efectivo [s27] [s26]. La estimulación cerebral también juega un papel importante en el tratamiento de trastornos mentales. Procedimientos establecidos como la terapia electroconvulsiva, estimulación magnética transcraneal repetitiva y estimulación del nervio vago afectan la actividad neuronal a través de impulsos eléctricos o magnéticos [s28]. Mientras que la terapia electroconvulsiva se utiliza en casos de depresión severa, la estimulación del nervio vago, originalmente desarrollada para el tratamiento de la epilepsia, también se aplica a otros trastornos mentales [s28]. Enfoques experimentales como la estimulación magnética de crisis y estimulación cerebral profunda están siendo investigados en cuanto a su eficacia en trastornos mentales [s28]. El desarrollo y la combinación de diferentes métodos de terapia, desde entrenamientos cognitivos hasta estimulación cerebral y terapias farmacológicas, prometen un tratamiento más individualizado y efectivo para enfermedades neurológicas y psiquiátricas. La integración de hallazgos de los campos de neuroplasticidad, investigación del aprendizaje y motivación también abre nuevas vías para fomentar las habilidades cognitivas y el bienestar general.

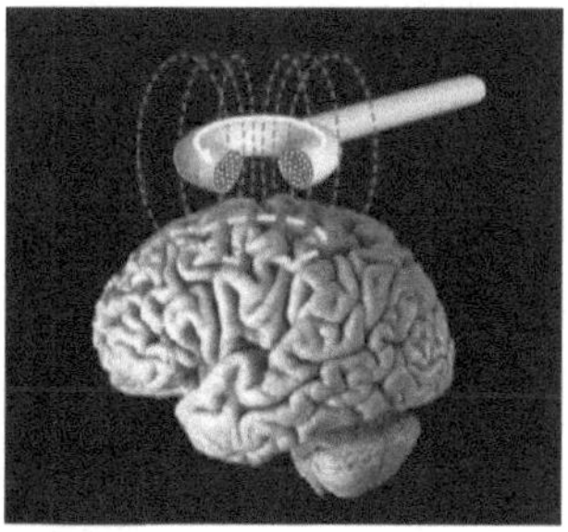

Estimulación magnética transcraneal repetitiva (EMTr) [i15]

Evaluación del electroencefalograma

La evaluación de un electroencefalograma (EEG) es un proceso complejo que implica la interpretación de patrones de ondas cerebrales. El EEG mide la actividad eléctrica del cerebro a través de electrodos en el cuero cabelludo y proporciona así información sobre la función cortical. Los datos en bruto del EEG consisten en una variedad de formas de onda que se asignan a diferentes bandas de frecuencia: Delta, Theta, Alpha, Beta y Gamma. Cada una de estas bandas se correlaciona con ciertos estados cerebrales y procesos cognitivos. Así, las ondas Delta se asocian con el sueño profundo, mientras que las ondas Beta representan la vigilia y la concentración. La evaluación se centra en la identificación de patrones normales y anormales en estas bandas de frecuencia. Los patrones anormales pueden indicar trastornos neurológicos como la epilepsia o trastornos del sueño, mostrando, por ejemplo, picos inusuales o desaceleraciones de la actividad cerebral. [s29] Un aspecto importante de la evaluación del EEG es la detección de artefactos. Los artefactos son señales no deseadas en el EEG que no provienen de la actividad cerebral, sino que son causadas por movimientos oculares, actividad muscular o interferencias técnicas. Estos artefactos deben ser identificados y eliminados de los datos para garantizar una interpretación correcta de

Neurofeedback [i16]

Neurofisiólogo [i17]

las ondas cerebrales. La interpretación precisa de un EEG requiere experiencia y conocimientos especializados. Médicos y neurofisiólogos especialmente capacitados analizan los datos del EEG para llegar a conclusiones diagnósticas. Además de la inspección visual de las curvas del EEG, se utilizan procedimientos computarizados que facilitan el análisis de los datos complejos. Al cuantificar la actividad del EEG en diferentes bandas de frecuencia, se pueden obtener medidas objetivas y compararlas con datos normativos. Un área de aplicación de la evaluación del EEG es el neurofeedback. En este caso, la actividad del EEG se mide en tiempo real y se retroalimenta al paciente, por ejemplo, a través de señales visuales o acústicas. [s29] De este modo, el paciente aprende a influir conscientemente en su actividad cerebral y a aumentar o reducir ciertas bandas de frecuencia. El neurofeedback se utiliza, entre otros, en el tratamiento del TDAH, trastornos de ansiedad y trastornos del sueño. [s29] La eficacia de este método sigue siendo objeto de investigación, sin embargo, los estudios sugieren efectos positivos. La combinación de la evaluación del EEG con el neurofeedback ofrece una herramienta prometedora para mejorar la función cerebral y tratar enfermedades neurológicas. El diagnóstico y tratamiento basado en EEG está ganando cada vez más importancia y contribuye a una comprensión más profunda de las complejas interrelaciones entre la actividad cerebral y el comportamiento. En este contexto, el desarrollo continuo de métodos y tecnologías de evaluación es crucial para optimizar aún más la precisión y la utilidad de los procedimientos basados en EEG.

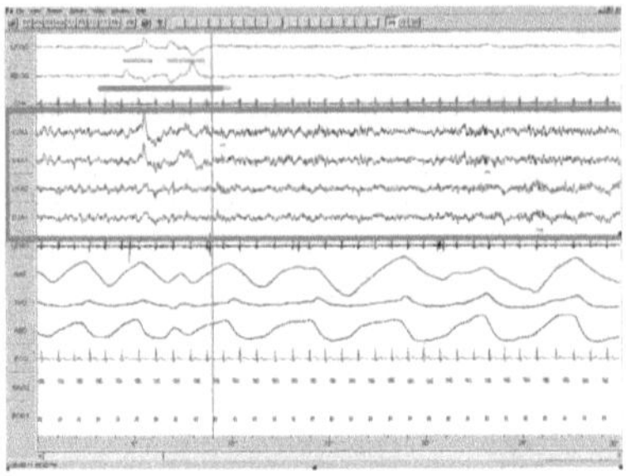

Artefacto (EEG) [i18]

Bueno saber

Bandas de frecuencia

En el EEG se diferencian varias bandas de frecuencia, cada una asociada con ciertos estados cerebrales. Las ondas Delta aparecen en el sueño profundo, las ondas Theta en el sueño ligero y en la vigilia relajada, las ondas Alpha con los ojos cerrados y en reposo, las ondas Beta con atención concentrada y las ondas Gamma en procesos cognitivos complejos.

Detección de artefactos

En la grabación del EEG pueden aparecer artefactos que no provienen de la actividad cerebral, sino que son causados por influencias externas como movimientos oculares, actividad muscular o interferencias técnicas. La detección de artefactos es importante para identificar estas señales de interferencia y eliminarlas de los datos, de modo que la evaluación del EEG sea correcta.

Función cortical

La función cortical se refiere a la actividad de la corteza cerebral, la capa externa del cerebro. Es responsable de funciones cognitivas superiores como el lenguaje, el pensamiento, la memoria y la planificación. La función cortical es controlada por interacciones complejas entre diferentes regiones cerebrales y redes neuronales, y es crucial para nuestra experiencia y comportamiento consciente.

Ejemplo de Frecuencias EEG

Frecuencias EEG dominantes a lo largo del tiempo.

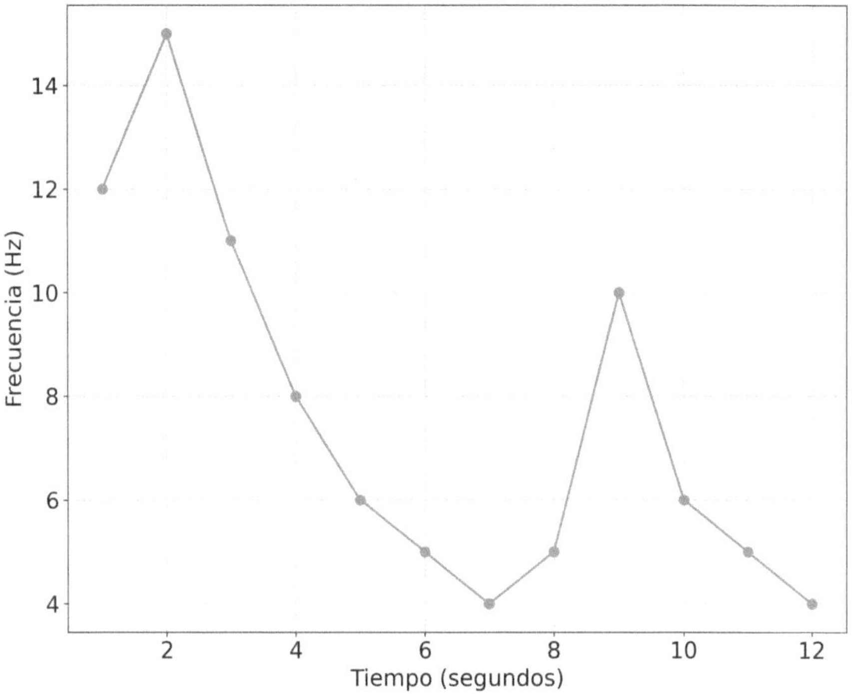

Este gráfico muestra un cambio en las frecuencias de ondas cerebrales dominantes durante un período de tiempo. Inicialmente, se observa una actividad de mayor frecuencia, lo que podría indicar un estado mental alerta o activo. Esto transita a un predominio de frecuencias más bajas, lo que sugiere un cambio hacia un estado más relajado o somnoliento. El breve resurgimiento de frecuencias más altas podría representar una fluctuación momentánea en el estado de alerta antes de volver al patrón de frecuencia más baja.

Revisión - 1. Fundamentos de la investigación cerebral

Este capítulo sobre los fundamentos de la investigación cerebral ofrece una visión esencial sobre la estructura, función y métodos de investigación del sistema nervioso. Desde el nivel elemental de las neuronas y sinapsis hasta procesos cognitivos complejos como la percepción, la memoria y la toma de decisiones, proporciona una comprensión sólida de la arquitectura neuronal y sus procesos bioquímicos. Es especialmente destacable la énfasis en la neuroplasticidad, que ilustra la capacidad dinámica del cerebro para adaptarse a experiencias y aprendizajes, constituyendo así la base para intervenciones terapéuticas. Los procedimientos diagnósticos presentados, desde EEG y MEG hasta fMRI y PET, abren diversas posibilidades para investigar la actividad neuronal y para identificar disfunciones. Esta visión del funcionamiento del cerebro no solo permite una comprensión más profunda de las enfermedades neurológicas y psiquiátricas, sino que también ofrece puntos de partida para el desarrollo de métodos terapéuticos innovadores.

Los hallazgos descritos en el capítulo ofrecen un amplio espectro de aplicaciones en la vida cotidiana. Por ejemplo, puede utilizar los principios de la neuroplasticidad para mejorar sus habilidades cognitivas a través de entrenamiento específico y actividades estimulantes. El conocimiento de los diferentes sistemas de memoria puede ayudarle a optimizar estrategias de aprendizaje y almacenar información de manera más efectiva. También en el ámbito de la toma de decisiones, puede aprovechar los hallazgos sobre las bases neuronales para fortalecer su capacidad de autocontrol y suprimir reacciones impulsivas. Sin embargo, la implementación de estas recomendaciones puede verse dificultada por diversas barreras, como la falta de tiempo, recursos insuficientes o diferencias individuales en la capacidad de aprendizaje. Por lo tanto, es importante establecer objetivos realistas y adaptar las estrategias a sus necesidades personales.

A pesar de la visión integral sobre los fundamentos de la investigación cerebral, persisten algunos desafíos y preguntas abiertas. La complejidad de las redes neuronales y la interacción de diferentes áreas del cerebro aún no se han investigado completamente. El desarrollo de métodos terapéuticos más precisos e individualizados requiere una comprensión más profunda de los mecanismos neuronales subyacentes a las enfermedades neurológicas y psiquiátricas. Por lo tanto, la investigación futura debería centrarse en el desarrollo de procedimientos diagnósticos y terapéuticos innovadores que se adapten a las necesidades específicas de cada paciente. También deben discutirse críticamente las cuestiones éticas relacionadas con la aplicación de métodos de estimulación cerebral y la interpretación de datos neurobiológicos.

En resumen, el capítulo "Fundamentos de la investigación cerebral" proporciona una base sólida para comprender el complejo funcionamiento del cerebro. Los hallazgos presentados abren diversas posibilidades para mejorar las habilidades cognitivas y tratar enfermedades neurológicas. La investigación futura contribuirá a responder las preguntas aún abiertas y a optimizar la aplicación de los conocimientos neurocientíficos en la vida cotidiana y en la práctica clínica. Para ello, es esencial una colaboración interdisciplinaria entre neurocientíficos, médicos, psicólogos y educadores para aprovechar al máximo el potencial de la investigación cerebral.

2. Desarrollo cerebral a lo largo de la vida

¿Cómo se desarrolla un cerebro complejo, capaz de pensar, sentir y aprender, a partir de un pequeño grupo de células? Desde la primera infancia hasta la vejez, nuestro cerebro experimenta cambios asombrosos. La naturaleza tiene un cronograma preciso: ciertas ventanas de desarrollo se abren y cierran en fases determinadas. Estos procesos de transformación son especialmente dramáticos durante la pubertad, cuando no solo el cuerpo, sino también el pensamiento y el sentimiento cambian fundamentalmente. Los últimos hallazgos de la investigación cerebral revelan cuán plástico es en realidad nuestro órgano más importante y qué factores influyen en su desarrollo.

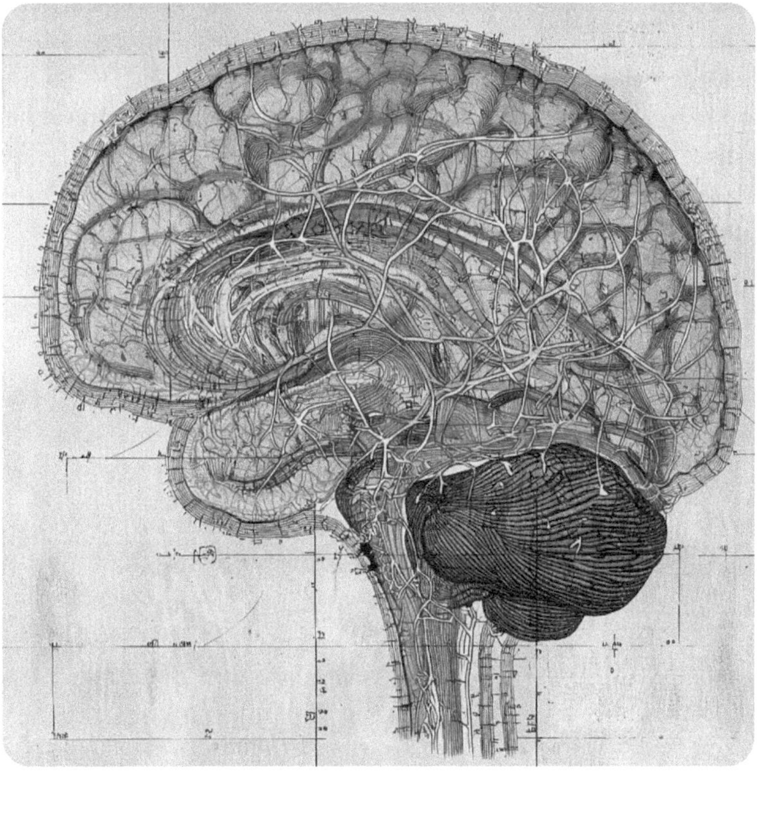

2. 1 Desarrollo cerebral infantil

El desarrollo cerebral infantil influye de manera decisiva en las habilidades cognitivas, emocionales y lingüísticas de una persona. Desde la fase prenatal hasta la infancia, las experiencias moldean la arquitectura neuronal y sientan las bases para el aprendizaje a lo largo de la vida. Sin embargo, este desarrollo es susceptible a influencias negativas como el consumo de sustancias durante el embarazo o la privación, que pueden tener consecuencias a largo plazo. La primera infancia se caracteriza por una alta plasticidad neuronal, que permite procesos de aprendizaje intensivos, pero también implica una especial vulnerabilidad. El desarrollo del lenguaje, la competencia social y las funciones ejecutivas son solo algunos ejemplos de los enormes avances en esta fase de la vida. Comprender estos procesos complejos es esencial para crear condiciones óptimas para el desarrollo infantil. Sumérgete en el fascinante mundo del desarrollo cerebral infantil y descubre cómo las experiencias moldean la arquitectura neuronal y establecen las bases para una vida plena.

El desarrollo cerebral infantil es un proceso dinámico que está fuertemente influenciado por las experiencias tempranas y los factores ambientales. Las interacciones positivas y los entornos estimulantes favorecen la formación de redes neuronales y el desarrollo de habilidades cognitivas. Por el contrario, las influencias perjudiciales, tanto prenatales como postnatales, pueden afectar el desarrollo cerebral y tener consecuencias a largo plazo.

Fase prenatal

El desarrollo cerebral prenatal es un proceso complejo que comienza en la tercera semana de gestación y establece las bases para el posterior desarrollo cognitivo y emocional [s30]. Después de la formación del tubo neural, la primera estructura cerebral reconocible, las células precursoras neuronales se diferencian y comienzan a multiplicarse y migrar [s30]. La producción de neuronas alcanza su punto máximo a mediados del embarazo y se completa en gran medida antes del nacimiento [s30]. Estas neuronas luego migran a sus posiciones finales en el cerebro en desarrollo, donde se conectan con otras neuronas y forman circuitos neuronales complejos [s30]. La sobreproducción temprana de neuronas y sinapsis en la fase prenatal es regulada posteriormente por procesos como la apoptosis y reducción sináptica, que dependen en gran medida de experiencias e influencias ambientales [s31] [s32]. La myelinisierung, que aumenta la velocidad de los impulsos nerviosos, también comienza de manera prenatal y continúa hasta la adultez [s31]. La fase prenatal es especialmente sensible a influencias perjudiciales como el consumo de drogas o la desnutrición materna. Por ejemplo, la nicotina y el alcohol pueden causar trastornos del desarrollo más graves que algunas drogas ilegales y llevar a problemas a largo plazo de cognición y atención [s33]. El consumo de cannabis durante el embarazo también puede afectar el desarrollo neuronal y llevar a déficits cognitivos en la descendencia, entre otros en áreas de atención y percepción visual [s34]. Así, la fase prenatal sienta las bases para el posterior desarrollo cerebral y subraya la importancia de un embarazo saludable para la salud a largo plazo del niño. Para promover el desarrollo saludable del cerebro infantil, las mujeres embarazadas deben prestar atención a una dieta equilibrada y evitar sustancias nocivas como el alcohol, la nicotina y las drogas. Los controles prenatales pueden ayudar a identificar riesgos de manera temprana y tomar las medidas adecuadas.

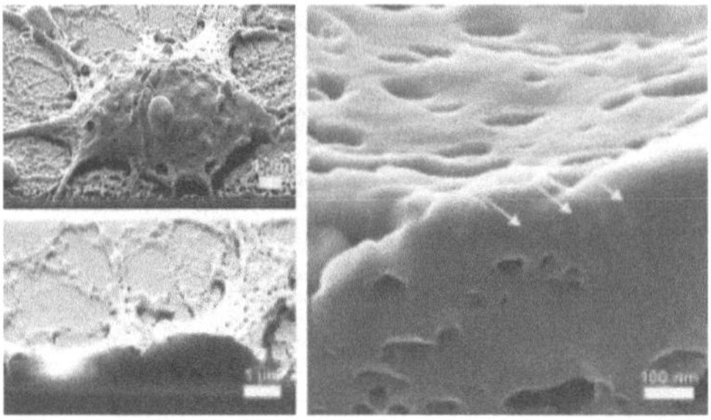

Célula progenitora neural [i19]

Bueno saber

Células precursoras neuronales

Las células precursoras neuronales son células en el sistema nervioso en desarrollo que pueden diferenciarse en neuronas o células gliales. Juegan un papel crucial en la formación del cerebro y la médula espinal.

Cognitivo

Cognitivo se refiere a los procesos mentales relacionados con la percepción, el pensamiento, el aprendizaje, la memoria, el lenguaje y la resolución de problemas.

Reducción sináptica

La reducción sináptica, también conocida como poda sináptica, es el proceso mediante el cual se descomponen sinapsis no utilizadas o ineficientes en el cerebro. Este proceso es importante para afinar circuitos neuronales y optimizar la función cerebral.

Tubo neural

El tubo neural es una estructura en forma de tubo que se desarrolla en el embrión temprano y forma la base del sistema nervioso central, incluyendo el cerebro y la médula espinal. Las alteraciones en el desarrollo del tubo neural pueden llevar a graves defectos de nacimiento.

Desarrollo Cerebral Fetal

Crecimiento de las conexiones neuronales durante el embarazo.

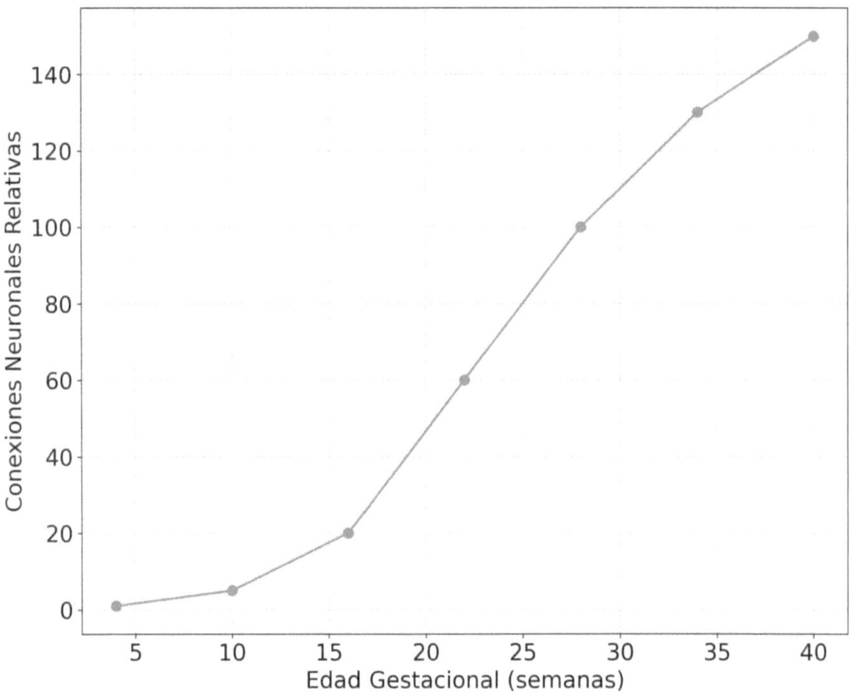

El gráfico muestra el rápido aumento de las conexiones neuronales, particularmente durante el segundo y tercer trimestre, destacando la importancia crucial de este período para el desarrollo del cerebro. La desaceleración del crecimiento hacia el final del término puede reflejar un cambio hacia el refinamiento y la especialización de las conexiones. Esto subraya la vulnerabilidad del cerebro en desarrollo a las influencias ambientales durante la gestación.

Procesos de aprendizaje en la primera infancia

Después del nacimiento, el rápido desarrollo del cerebro continúa. Los procesos de aprendizaje en la primera infancia se caracterizan por una alta neuronale_plastizitaet [s35]. Esto significa que las conexiones en el cerebro, las sinapsis, pueden cambiar y adaptarse a nuevas experiencias con particular facilidad durante este tiempo. Las experiencias moldean la arquitectura del cerebro y sientan las bases para habilidades posteriores. Por ejemplo, las interacciones sociales positivas en la primera infancia forman la base para la competencia social futura [s35]. Los primeros años de vida son también fases sensibles para el desarrollo de ciertas habilidades, como la percepción visual y auditiva [s36]. En estas fases, el cerebro responde de manera especialmente receptiva a estímulos y experiencias específicas. Entornos cualitativos y estimulantes, ricos en entradas sensoriales, motoras, sociales y lingüísticas, apoyan la formación de redes neuronales complejas. La maduración de la corteza, la capa externa del cerebro, avanza durante la infancia y la adolescencia. Se produce una sobreproducción de conexiones dendríticas, seguida de una reducción selectiva de conexiones menos utilizadas. Este proceso, conocido como poda sináptica, aumenta la eficiencia del cerebro [s37]. Al mismo tiempo, se desarrolla la mielinización, que aumenta la velocidad de los impulsos nerviosos [s35]. El desarrollo de las funciones ejecutivas, necesarias para el comportamiento orientado a objetivos, el control de impulsos y la toma de decisiones, también avanza [s37]. Un niño que aprende a controlar sus impulsos y concentrarse en una tarea se beneficia de la maduración progresiva de la corteza prefrontal, que es responsable de las funciones ejecutivas. Influencias negativas como la privación, es decir, la falta de entradas cognitivas y sociales esperadas, pueden afectar el desarrollo cerebral y llevar a un grosor y volumen reducidos de la corteza de asociación [s38]. De manera similar, las experiencias asociadas con daño real o

amenazante afectan los circuitos neuronales responsables del aprendizaje del miedo, especialmente en la amígdala y el hippocampus [s38].

Bueno saber

Conexiones dendríticas

Las conexiones dendríticas son ramificaciones de las células nerviosas que reciben señales de otras células nerviosas. La cantidad y complejidad de estas conexiones influyen en la capacidad de procesamiento del cerebro.

Corteza de asociación

La corteza de asociación es un área del cerebro que integra información de diferentes áreas sensoriales y la vincula con funciones cognitivas superiores. Juega un papel importante en el aprendizaje, el pensamiento y la resolución de problemas.

Corteza prefrontal

La corteza prefrontal es la parte más frontal del cerebro y juega un papel crucial en la planificación, la toma de decisiones y el control de impulsos. Su maduración ocurre a lo largo de la infancia y la adolescencia.

Velocidades de aprendizaje relativas en la primera infancia

Comparación de las velocidades de aprendizaje para diferentes habilidades durante el desarrollo de la primera infancia.

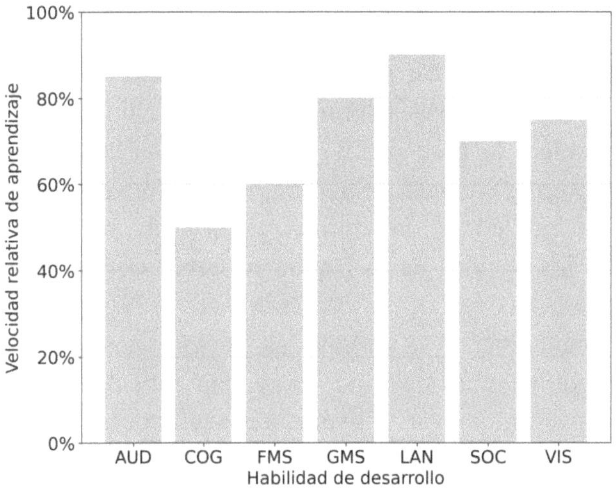

AUD: Procesamiento Auditivo
COG: Habilidades Cognitivas
FMS: Habilidades Motoras Finas
GMS: Habilidades Motoras Gruesas
LAN: Adquisición del Lenguaje
SOC: Socio-Emocional
VIS: Percepción Visual

Este gráfico destaca los diferentes ritmos a los que se desarrollan las distintas habilidades en la primera infancia. Las habilidades motoras gruesas, como caminar y correr, se desarrollan con relativa rapidez, alcanzando una capacidad casi máxima antes que otras habilidades. El control de la motricidad fina, crucial para tareas como escribir y dibujar, se desarrolla de forma constante, pero tarda más en alcanzar la madurez. La adquisición del lenguaje muestra un rápido progreso, especialmente en los primeros años, lo que refleja la aptitud natural del cerebro para la comunicación. Las habilidades cognitivas, que incluyen la resolución de problemas y el pensamiento lógico, muestran una trayectoria de desarrollo más gradual y sostenida. Esta visualización subraya la importancia de proporcionar la estimulación y el apoyo adecuados para cada dominio del desarrollo a lo largo de la primera infancia.

Desarrollo del lenguaje

El desarrollo del lenguaje es un proceso dinámico que está estrechamente vinculado al desarrollo del cerebro. Desde los primeros meses de vida, los bebés comienzan a especializarse en los sonidos de su lengua materna, después de que inicialmente son capaces de diferenciar una variedad de sonidos de diferentes idiomas [s39]. Esta temprana sensibilidad a las diferencias fonéticas establece la base para la adquisición del lenguaje posterior y demuestra cómo las experiencias tempranas influyen en el desarrollo neuronal. La calidad de la entrada es crucial, ya que la continua exposición a los sonidos de la lengua materna refuerza las conexiones neuronales responsables de su procesamiento [s39]. Los niños que se enfrentan regularmente a estímulos lingüísticos desarrollan una capacidad auditiva más diferenciada y una articulación más precisa. Los padres pueden apoyar activamente este proceso leyendo en voz alta, cantando y hablando con sus hijos desde el nacimiento. La interacción con el niño debe ser prioritaria, prestando atención a una pronunciación clara y a una melodía del habla variada. La neuronale_plastizitaet del cerebro, es decir, su capacidad para cambiar a través de las experiencias, es especialmente pronunciada en los primeros años de vida [s39] [s40]. Esta plasticidad permite a los niños no solo aprender su lengua materna, sino también, bajo condiciones adecuadas, adquirir múltiples idiomas simultáneamente. Los niños bilingües adquieren dos conjuntos de fonemas en paralelo, sin que esto afecte la velocidad de adquisición del lenguaje [s40]. Esta capacidad de procesamiento paralelo del lenguaje subraya el enorme potencial de adaptación del cerebro joven. La temprana multilingüidad tiene un efecto positivo en la flexibilidad cognitiva y en la capacidad de cambio de tareas. Incluso después de lesiones cerebrales en la infancia, esta plasticidad puede ayudar a que los niños desarrollen habilidades lingüísticas normales al activar redes neuronales alternativas [s40]. La exposición temprana a estímulos lingüísticos no solo influye en la pronunciación, sino también en el dominio del lenguaje posterior [s41].

Los estudios muestran que los adultos que adquirieron un segundo idioma en la primera infancia a menudo presentan un

acento nativo y poseen una mejor capacidad de juicio gramatical [s41]. Por lo tanto, el desarrollo temprano del lenguaje tiene un impacto duradero en las habilidades lingüísticas en la edad adulta. El procesamiento del lenguaje está estrechamente relacionado con la capacidad de percibir y diferenciar diferentes tonos [s41]. Un entorno acústico variado en la primera infancia, por lo tanto, fomenta el desarrollo de las estructuras neuronales responsables del procesamiento del lenguaje. Las experiencias con música y sonidos rítmicos pueden apoyar adicionalmente este desarrollo.

Bueno saber

Acústico

Se refiere al sonido y la audición. El entorno acústico juega un papel importante en el desarrollo del cerebro, especialmente en el desarrollo del lenguaje y la formación de habilidades auditivas.

Fonema

Los fonemas son las unidades mínimas que distinguen significados en un idioma. El desarrollo de la capacidad para distinguir y producir fonemas es central para la adquisición del lenguaje y el desarrollo de la competencia lingüística.

Cognitivo

Se refiere a los procesos mentales relacionados con el pensamiento, el aprendizaje, la memoria, la percepción y la comprensión. El desarrollo cognitivo en la infancia está estrechamente vinculado al desarrollo cerebral.

Fonética

La fonética estudia las propiedades físicas de los sonidos del habla, su producción, características acústicas y percepción. Es relevante para el desarrollo cerebral infantil, ya que la percepción de los sonidos establece la base para la adquisición del lenguaje y afecta el desarrollo neuronal.

Desarrollo del lenguaje en la infancia

Etapas del desarrollo del lenguaje

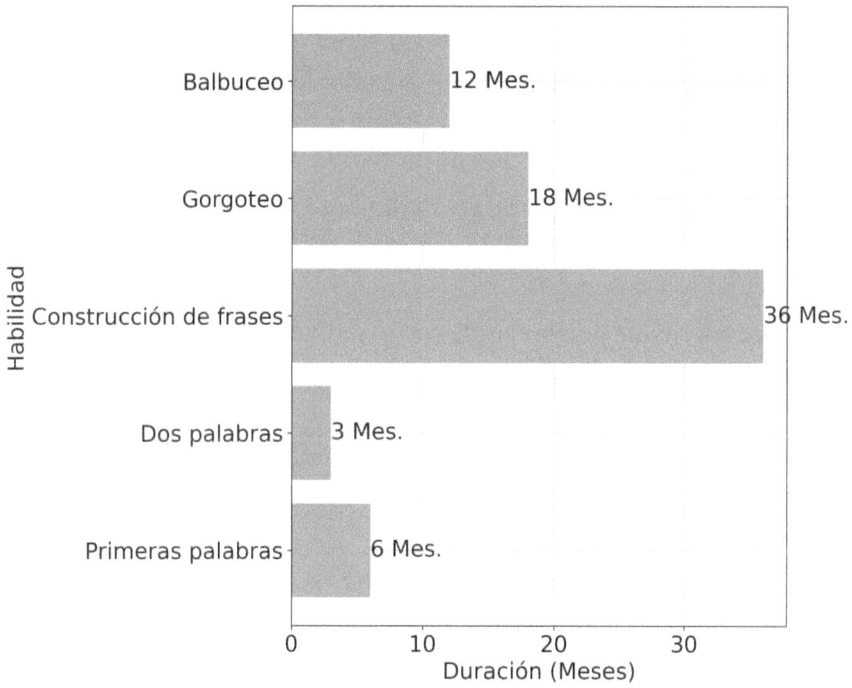

BAL: Balbuceo

CON: Construcción de frases

DOS: Dos palabras

GOR: Gorgoteo

PAL: Primeras palabras

El diagrama de barras horizontal visualiza la duración promedio del desarrollo de varias habilidades lingüísticas. Las habilidades más complejas, como la construcción de frases, requieren mucho más tiempo que el aprendizaje de las primeras palabras. Esto ilustra la creciente complejidad del procesamiento del lenguaje en el cerebro.

Consejos concretos

- El desarrollo cerebral infantil se caracteriza por una plasticidad excepcional, que es moldeada en gran medida por la experiencia y el entorno.
- La interacción entre la predisposición genética y las influencias ambientales afecta la formación de circuitos neuronales y moldea habilidades cognitivas como el lenguaje y las funciones ejecutivas.
- La investigación futura debería examinar los efectos a largo plazo de las experiencias en la primera infancia sobre el desarrollo cerebral y su influencia en la aparición de trastornos mentales.
- Un enfoque prometedor es el estudio de los mecanismos epigenéticos que modulan la expresión génica en función de las influencias ambientales.
- El desarrollo de programas de apoyo individualizados, basados en las necesidades específicas del niño, podría optimizar el desarrollo cognitivo.
- Una mejor comprensión de las bases neuronales de los procesos de aprendizaje en la infancia podría conducir a métodos de enseñanza innovadores.
- La investigación de la interacción entre factores genéticos y traumas en la primera infancia podría abrir nuevas vías para la prevención de trastornos mentales.
- El estudio de los efectos de los medios digitales en el desarrollo cerebral infantil es de gran importancia dada la creciente digitalización.
- El desarrollo de nuevos procedimientos diagnósticos que permitan la detección temprana de trastornos del desarrollo podría mejorar las medidas preventivas.

2. 2 Cerebro adolescente

La adolescencia es una fase de profundos cambios en el cerebro, que conlleva tanto oportunidades como desafíos. Las fluctuaciones hormonales, que influyen en los procesos de remodelación neuronal, moldean el comportamiento, la regulación emocional y la toma de decisiones. Este desarrollo tiene el potencial de aumentar la capacidad de aprendizaje y la adaptación social, pero también se asocia con una mayor disposición al riesgo y vulnerabilidad a problemas psicológicos. Descubra en este capítulo cómo la compleja interacción entre biología y entorno moldea el cerebro juvenil.

La asincronía en el desarrollo del sistema límbico emocional y de la corteza prefrontal racional en el cerebro adolescente explica la mayor disposición al riesgo, ya que las emociones intensas pueden sobrepasar los mecanismos de control aún inmaduros.

Influjos hormonales

Los cambios hormonales moldean la pubertad e influyen en el desarrollo cerebral. Los aumentos en las hormonas sexuales provocan una reorganización permanente del cerebro, sensibilizando las redes neuronales a los influjos hormonales [s42]. Estos cambios afectan no solo la maduración física, sino también el comportamiento, la toma de decisiones y la regulación emocional [s43]. Por ejemplo, los andrógenos en los chicos inhiben la liberación de la hormona liberadora de corticotropina (CRH), mientras que los estrógenos en las chicas estimulan el eje HPA. Esto conduce a diferentes vulnerabilidades al estrés [s42]. Un adolescente que sufre un estrés intenso podría, en lugar de retirarse, buscar activamente contactos sociales para reducir el estrés a través de la interacción. Las conexiones neuronales entre la amygdala y el lóbulo frontal se vuelven más densas, lo que lleva a una interconexión de procesos emocionales y cognitivos [s44]. Al mismo tiempo, el sistema socio-emocional se desarrolla más rápido que el sistema de control cognitivo. Esta diferencia temporal puede explicar aspectos del comportamiento de riesgo en los adolescentes [s44]. Las hormonas influyen en los circuitos neuronales y provocan cambios de comportamiento que a menudo se desestiman como "hormonas enojadas" [s44]. Comprender la "cognición caliente" y "cognición fría" es útil aquí. La "cognición caliente" describe situaciones cargadas emocionalmente, mientras que la "cognición fría" ocurre en contextos menos emocionales [s44]. En una situación de examen ("cognición fría"), un adolescente puede estar bien preparado y resolver las tareas. Sin embargo, en una situación social estresante ("cognición caliente"), como una pelea con amigos, las emociones pueden sobrepasar las habilidades cognitivas y llevar a un comportamiento impulsivo. La pubertad desencadena una cascada de cambios hormonales que acompañan la maduración biológica [s45]. El desarrollo asíncrono del sistema límbico y el sistema cortical conduce a una mayor sensibilidad a la

recompensa y disposición al riesgo [s45]. Influencias hormonales, genéticas, conductuales y neuronales están estrechamente entrelazadas e influyen en el desarrollo social [s45]. La adolescencia es una fase de mayor adaptabilidad, donde los objetivos sociales influyen en los caminos de desarrollo [s45]. Los cambios hormonales también aumentan el riesgo de problemas mentales, ya que muchas enfermedades mentales tienen su origen en la adolescencia [s45]. Las interacciones entre hormonas, desarrollo cerebral y experiencias sociales son cruciales para comprender el comportamiento y la salud mental en la adolescencia [s45].

Influencia Hormonal en el Cerebro Adolescente

Niveles hormonales y su impacto en las regiones cerebrales durante la adolescencia.

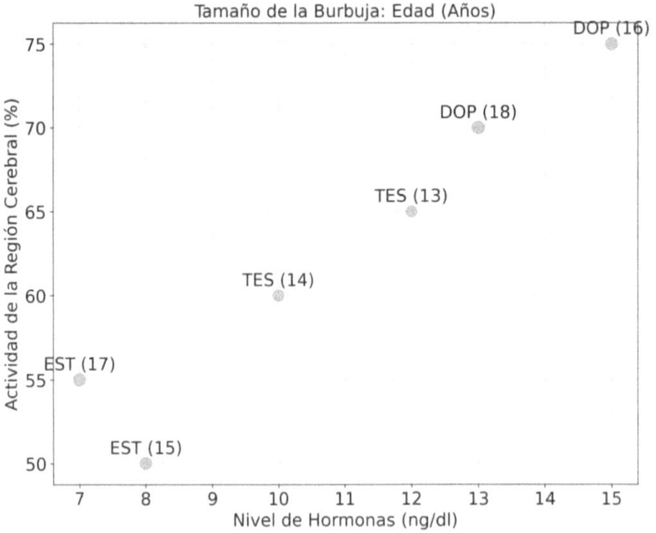

Blasengröße: Edad (Años)

- DOP: Dopamina - Núcleo Accumbens
- EST: Estrógeno - Amígdala
- TES: Testosterona - Corteza Prefrontal

El gráfico revela que las concentraciones más altas de testosterona (TES) están relacionadas con una mayor impulsividad, mientras que el estrógeno (EST) muestra una correlación con un procesamiento emocional mejorado. Los niveles de dopamina (DOP) parecen alcanzar su punto máximo a mediados de la adolescencia, lo que podría explicar el aumento de la conducta de riesgo durante este período. Los diferentes tamaños de las burbujas en las regiones del cerebro sugieren que la influencia hormonal no es uniforme, y la corteza prefrontal muestra efectos más pronunciados que la amígdala.

Desarrollo social

Las interacciones sociales adquieren una importancia creciente durante la adolescencia y moldean el desarrollo de la personalidad. La maduración del frontallappen, que es responsable de las funciones ejecutivas, influye de manera significativa en las habilidades sociales. La planificación, el control de impulsos y la capacidad de posponer recompensas mejoran con el avance del desarrollo neuro-maduracional del cerebro [s46]. Así, los adolescentes aprenden a regular mejor sus impulsos y a considerar las consecuencias a largo plazo de sus acciones. Esto se manifiesta, por ejemplo, en la capacidad de no reaccionar emocionalmente de inmediato en una discusión, sino de reflexionar sobre el punto de vista del otro antes de responder. Al mismo tiempo, el consumo de sustancias también influye en el desarrollo social. El consumo de sustancias puede afectar la capacidad neurocognitiva, lo que impacta en la atención, la memoria y la velocidad de procesamiento [s47]. Las estructuras neuronales que se desarrollan durante la adolescencia – mielinización y poda sináptica – son especialmente susceptibles a las alteraciones por el consumo regular. Los déficits resultantes pueden dificultar la interacción social y tener consecuencias a largo plazo para la funcionalidad social y académica [s47].

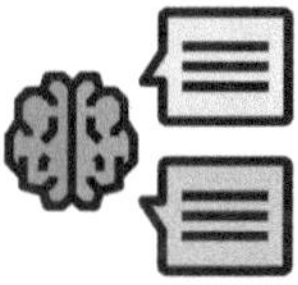

Por el contrario, las relaciones sociales positivas fomentan el desarrollo de la resiliencia y la capacidad de enfrentar desafíos [s48]. Un entorno social de apoyo que ofrezca seguridad emocional puede ayudar a los adolescentes a manejar situaciones difíciles y desarrollar confianza en sí mismos.

Bueno saber

Capacidad neurocognitiva

La capacidad neurocognitiva describe la habilidad del cerebro para procesar, almacenar y recuperar información. Incluye varios aspectos como la atención, la memoria, el lenguaje y las funciones ejecutivas. Esta capacidad puede verse afectada por diversos factores, como la falta de sueño o el consumo de sustancias.

Funciones ejecutivas

Las funciones ejecutivas se refieren a un conjunto de habilidades cognitivas que nos permiten actuar de manera orientada a objetivos. Incluyen, entre otras, la planificación, la memoria de trabajo, la flexibilidad cognitiva y el control de impulsos. Estas funciones son esenciales para el éxito en la escuela, el trabajo y las relaciones sociales, y se desarrollan significativamente durante la adolescencia.

Velocidad de procesamiento

La velocidad de procesamiento se refiere a la rapidez con la que el cerebro puede recibir, procesar y responder a la información. Es un componente importante de la capacidad cognitiva y juega un papel en el aprendizaje, la resolución de problemas y la toma de decisiones.

Formas de interacción social en adolescentes

Distribución de las formas de interacción social en adolescentes.

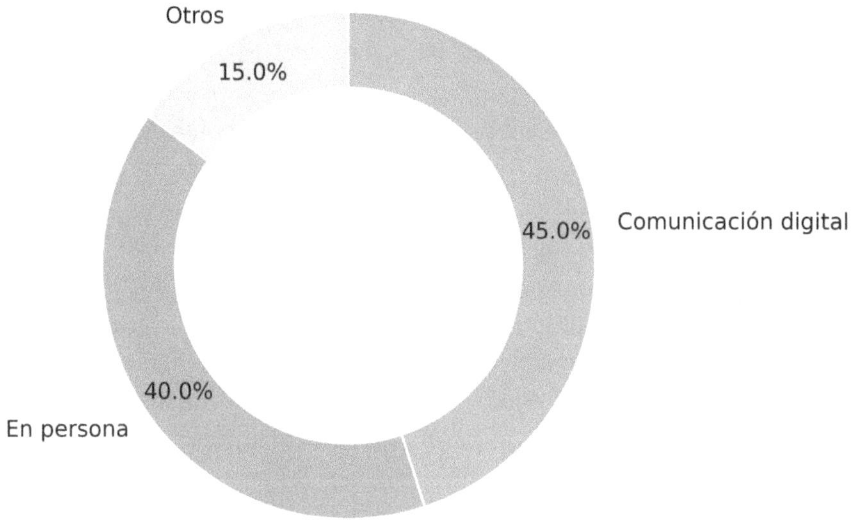

- CD: Comunicación digital (redes sociales, mensajes de texto, juegos en línea)
- EP: En persona (cara a cara)
- OT: Otros (llamadas telefónicas, cartas, etc.)

La visualización destaca el dominio de la comunicación digital en la interacción social de los adolescentes. Si bien la interacción en persona sigue siendo significativa, la proporción sustancial de participación en línea subraya la importancia de comprender su impacto en el desarrollo de los adolescentes. Esto incluye los posibles efectos en las habilidades sociales, la regulación emocional y la formación de la identidad. La porción más pequeña dedicada a otras formas de comunicación sugiere una mayor investigación sobre su papel en la era digital.

Disposición al riesgo

El cerebro adolescente se caracteriza por una mayor disposición al riesgo, que se debe a una compleja interacción de factores neurobiológicos y psicosociales [s49] [s50]. La maduración de la corteza prefrontal, responsable de la planificación, el control de impulsos y la toma de decisiones, avanza más lentamente que el desarrollo del sistema límbico, que procesa las reacciones emocionales y las recompensas [s49]. Esta asincronía genera un desequilibrio: los impulsos emocionales y el deseo de nuevas experiencias pueden sobrepasar los aún inmaduros mecanismos de control de la corteza prefrontal. Por lo tanto, los adolescentes tienden a subestimar las posibles consecuencias negativas de sus acciones y a sobreestimar los aspectos positivos [s50]. Esto se manifiesta, por ejemplo, en el contexto de la presión de grupo, donde el deseo de reconocimiento social y pertenencia puede favorecer decisiones arriesgadas, como probar drogas o realizar desafíos peligrosos. Esta tendencia a la disposición al riesgo no es per se negativa, ya que también fomenta la curiosidad, la exploración y el desarrollo de la autonomía, pero al mismo tiempo conlleva el peligro de decisiones erróneas con consecuencias potencialmente graves [s50]. Un adolescente que decide andar en bicicleta sin casco para parecer "cool" ante sus amigos asume un alto riesgo de lesiones en la cabeza, a pesar de que podría ser consciente de los peligros. Por lo tanto, un manejo reflexivo de los riesgos y el desarrollo de estrategias para el control de impulsos son procesos de aprendizaje importantes en la adolescencia.

Bueno saber

Adolescencia

La transición entre la infancia y la edad adulta, caracterizada por profundos cambios físicos, psicológicos y sociales. En esta fase, el cerebro continúa madurando, especialmente la corteza prefrontal, lo que conduce a un mejor control de impulsos y toma de decisiones.

Asincronía

Se refiere en el contexto del desarrollo cerebral a la maduración desigual de diferentes regiones del cerebro. La asincronía entre el sistema límbico y la corteza prefrontal contribuye a la mayor impulsividad y disposición al riesgo de los adolescentes.

Corteza prefrontal

La parte del cerebro que se encuentra en la parte frontal del lóbulo frontal y desempeña un papel crucial en funciones cognitivas superiores como la planificación, la toma de decisiones y la memoria de trabajo. Su desarrollo no está completo en la adolescencia, lo que puede llevar a la impulsividad y a dificultades en la planificación a largo plazo.

Sistema límbico

Un grupo de estructuras cerebrales involucradas en las emociones, la motivación, la memoria y el aprendizaje. En la adolescencia, el sistema límbico es especialmente sensible a los estímulos de recompensa, lo que puede aumentar la disposición al riesgo.

Toma de Riesgos de Adolescentes en Diferentes Contextos

Niveles relativos de toma de riesgos de adolescentes en varios escenarios.

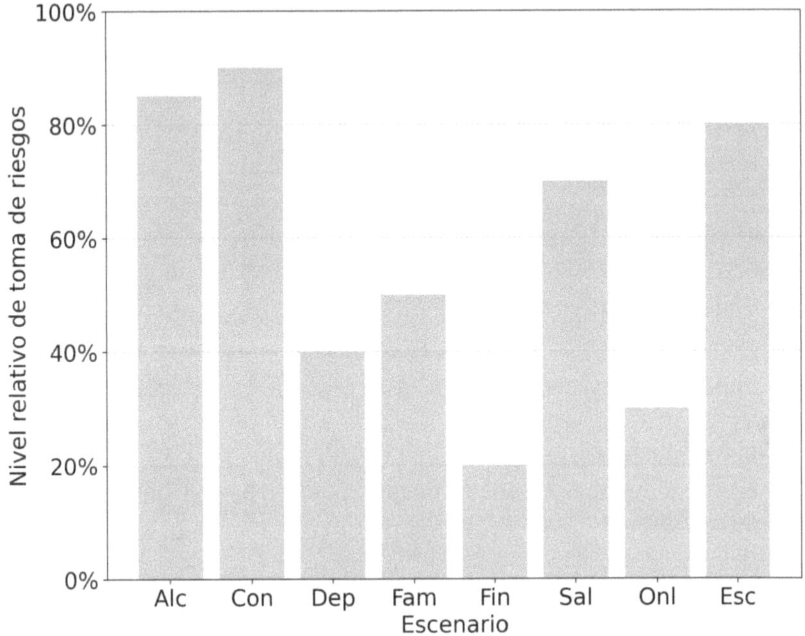

Alc: Consumo de alcohol/drogas

Con: Conducir con compañeros

Dep: Actividad deportiva

Esc: Examen escolar

Fam: Conflicto familiar

Fin: Decisión financiera

Onl: Interacción en línea

Sal: Decisión de salud

Este gráfico indica que los adolescentes exhiben diferentes niveles de propensión a la toma de riesgos según la situación. Los contextos sociales, particularmente aquellos que involucran a compañeros, parecen aumentar significativamente el comportamiento de toma de riesgos. Por el contrario, las situaciones con consecuencias negativas claras, como los escenarios académicos o relacionados con la salud, tienden a estar asociadas con una menor toma de riesgos. Esto sugiere que las recompensas sociales percibidas y las posibles consecuencias juegan un papel crucial en la toma de decisiones de los adolescentes.

Consejos concretos

- El cerebro juvenil, marcado por procesos de remodelación dinámica, se encuentra en un estado de constante cambio.
- La interacción de fluctuaciones hormonales, plasticidad neuronal y experiencias sociales configura el desarrollo de habilidades cognitivas y emocionales.
- La investigación futura debería examinar la influencia de los medios digitales en el desarrollo neuronal y la aparición de trastornos mentales en la adolescencia.
- El estudio de las diferencias individuales en la vulnerabilidad al comportamiento de riesgo podría mejorar las estrategias preventivas.
- El análisis de los correlatos neuronales de la cognición social y la empatía podría proporcionar nuevas perspectivas sobre la aparición del comportamiento prosocial.
- El desarrollo de programas de intervención adecuados para la edad, que consideren la promoción de la autorregulación y la competencia emocional, parece prometedor.
- La investigación longitudinal sobre la influencia de las relaciones entre pares en el desarrollo cerebral podría ampliar nuestra comprensión de los procesos de socialización.
- La integración de hallazgos neurocientíficos en la práctica educativa podría optimizar el diseño de entornos que favorezcan el aprendizaje.
- La reflexión ética sobre el uso de nuevas tecnologías para influir en el desarrollo cerebral durante la adolescencia es esencial.
- Se les invita a reflexionar críticamente sobre las complejas interacciones entre el cerebro, el comportamiento y el entorno en la adolescencia.

2. 3 Cerebro plástico

El cerebro plástico cambia a lo largo de la vida a través de las experiencias. Esta capacidad de adaptación, la neuroplasticidad, permite el aprendizaje, la formación de recuerdos y la regeneración, pero también presenta desafíos. Los cambios neuronales provocados por el estrés o enfermedades pueden afectar las funciones cognitivas. Por lo tanto, la investigación de la neuroplasticidad es esencial para comprender estos procesos y utilizarlos terapéuticamente. Descubra los fascinantes mecanismos del cerebro plástico y su potencial para la salud cerebral a lo largo de la vida.

El aprendizaje continuo y los entornos estimulantes fomentan la adaptabilidad del cerebro y refuerzan su resistencia a los cambios relacionados con la edad y al estrés.

Neuroplasticidad

La neuroplasticidad describe la capacidad de adaptación del cerebro a lo largo de la vida en respuesta a las experiencias. Estas adaptaciones se manifiestan en cambios en la estructura y función del cerebro [s51]. Los mecanismos de esta plasticidad no son estáticos, sino que varían a lo largo de la vida y son influenciados por factores como la edad, el sexo y las enfermedades neurológicas [s51]. Así, las fases críticas para la plasticidad dependiente de la experiencia son especialmente relevantes en la primera infancia, aunque también pueden reactivarse más tarde [s51]. El desarrollo cerebral sigue un patrón jerárquico, donde los pasos de desarrollo posteriores se basan en los anteriores [s52]. Las experiencias en el primer año de vida moldean la plasticidad y, por ende, influyen en el desarrollo de comportamientos [s52]. La formación de nuevas sinapsis y su reducción selectiva (poda) son cruciales para la flexibilidad del cerebro joven [s52]. Los inputs sensoriales influyen en la plasticidad, donde entornos estimulantes pueden promover y extender la plasticidad [s51]. La interacción entre factores genéticos y ambientales moldea los procesos de aprendizaje y la reorganización de redes neuronales [s53]. La actividad repetida fortalece las conexiones neuronales, mientras que las menos utilizadas se descomponen [s53]. Un entorno con suficiente sueño, una dieta saludable y estímulos cognitivos fomenta la neuroplasticidad [s53]. El desarrollo del cerebro ocurre en diferentes fases, desde la neurogénesis hasta la myelinisierung [s54]. Las experiencias moldean la estructura y función neuronal, siendo el cerebro joven notablemente más receptivo a estas influencias que el adulto [s54]. Quien aprende a tocar un instrumento modifica la estructura de las áreas cerebrales responsables de la motricidad y la percepción auditiva [s55]. Estos cambios estructurales también son posibles en la edad adulta, lo que subraya la capacidad de adaptación del cerebro a lo largo de la vida [s55]. Los sistemas neuromoduladores, como el sistema colinérgico y el dopaminérgico, modulan la plasticidad y pueden ser influenciados por intervenciones

[s51]. Las diferencias individuales en la actividad neuromoduladora afectan la plasticidad y las capacidades cognitivas, lo que es relevante para terapias personalizadas [s51].

Los entrenamientos cognitivos pueden aumentar el volumen neuronal, un indicador de neuroplasticidad, aunque los efectos a largo plazo y la transferibilidad a otras áreas cognitivas son limitados [s56]. Los adultos mayores reclutan circuitos neuronales adicionales para mantener las funciones cognitivas, como compensación por los cambios neuronales relacionados con la edad [s56]. Incluso en la vejez, el cerebro permanece plástico a través de entrenamientos cognitivos y puede reorganizarse [s56]. El entrenamiento cognitivo regular puede mejorar la función cognitiva y reducir el riesgo de deterioro cognitivo relacionado con la edad [s56]. La actividad física tiene un efecto positivo en la estructura cerebral y las capacidades cognitivas, promoviendo la plasticidad del cerebro incluso en la vejez [s57].

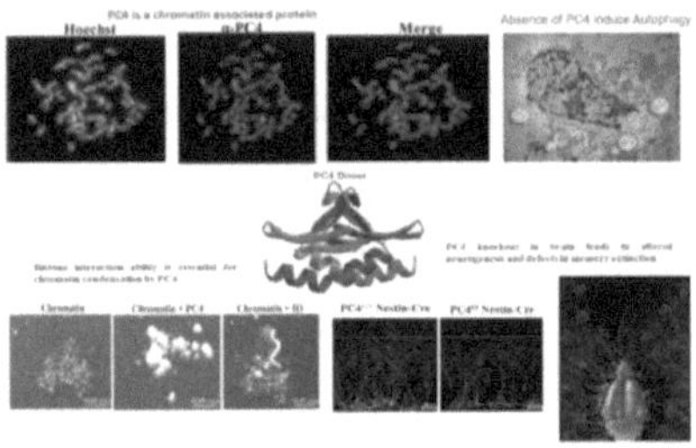

Neurogénesis [i20]

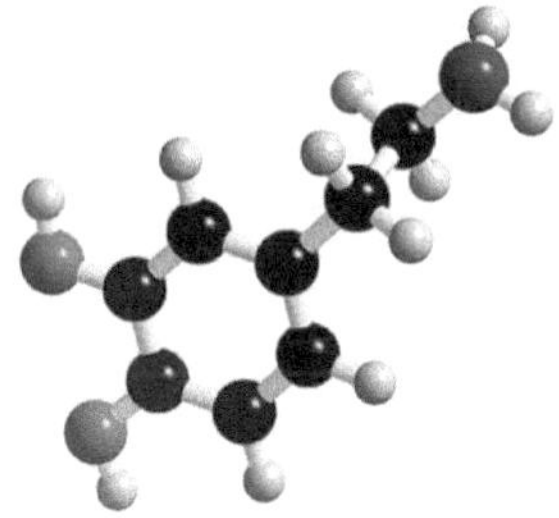

Dopamina [i21]

Fuerza sináptica a lo largo del tiempo

Ilustra cómo la fuerza sináptica cambia con la estimulación repetida.

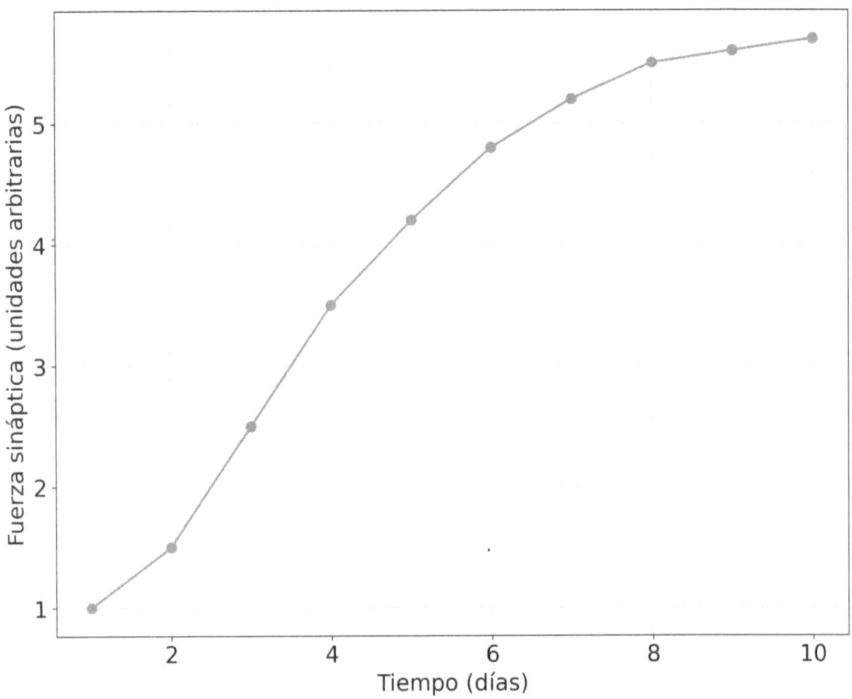

Este gráfico demuestra el principio de neuroplasticidad. Inicialmente, las conexiones sinápticas son débiles. Con la estimulación repetida (aprendizaje o práctica), la fuerza de estas conexiones aumenta, lo que se refleja en la tendencia ascendente. Este fortalecimiento representa una mejor eficiencia en la transmisión de señales y subyace al aprendizaje y la formación de la memoria. La meseta sugiere un límite al potencial de fortalecimiento, posiblemente debido a limitaciones biológicas.

Capacidad de regeneración

El cerebro posee una notable capacidad de regeneración, conocida como neuroplastizitaet. Esta capacidad de adaptación y reorganización de estructuras y funciones neuronales está presente no solo durante el desarrollo, sino a lo largo de toda la vida [s58] [s59]. La neuroplasticidad permite al cerebro responder a estímulos internos y externos, fortaleciendo conexiones neuronales existentes, creando nuevas conexiones entre áreas cerebrales e incluso formando nuevas células nerviosas (neurogenese) [s58] [s60]. Estos procesos son dinámicos y están influenciados por factores como la edad, la predisposición genética y el entorno [s60]. La neurogénesis, la formación de nuevas neuronas, también ocurre en el cerebro adulto, principalmente en áreas como el hipocampo, que es responsable del aprendizaje y la memoria [s60]. Este proceso está regulado por diversos factores, incluidos hormonas, factores de crecimiento e influencias ambientales [s60]. Un entorno estimulante con desafíos cognitivos puede fomentar la neurogénesis y, por lo tanto, contribuir a la regeneración del cerebro. La música, que activa regiones cerebrales multimodales, puede provocar cambios duraderos en la fuerza sináptica y así promover la plasticidad [s58]. Aprender a tocar un instrumento, por ejemplo, conduce a cambios estructurales en las áreas cerebrales responsables de la motricidad y el procesamiento auditivo, y estas adaptaciones se mantienen incluso en la edad adulta [s58]. Además de la neurogénesis, otros mecanismos contribuyen a la regeneración. Remodelación dendrítica, el cambio en la estructura de las dendritas (las antenas receptoras de las neuronas), permite un ajuste fino de las conexiones sinápticas [s61]. La plasticidad sináptica, la capacidad de las sinapsis para cambiar su fuerza, es fundamental para el aprendizaje y la memoria. Reorganización cortical, la redistribución de funciones entre diferentes áreas cerebrales, permite la compensación de pérdidas funcionales, como las que pueden ocurrir después de un accidente cerebrovascular [s61]. Después de un accidente cerebrovascular, el cerebro muestra una notable capacidad de recuperación a través de estos mecanismos neuroplásticos [s61]. Una rehabilitación temprana y continua después de un accidente cerebrovascular maximiza la posibilidad de cambios neuroplásticos y promueve la recuperación funcional [s61]. Diversas terapias pueden fomentar la neuroplasticidad de manera específica y apoyar la regeneración [s59]. Entrenamientos cognitivos, actividad física y nichtinvasive_hirnstimulation son ejemplos de tales intervenciones. La combinación de diferentes enfoques terapéuticos puede generar efectos sinérgicos y mejorar los resultados de la rehabilitación [s59]. El entrenamiento cognitivo regular puede mejorar las funciones cognitivas y reducir el riesgo de deterioro cognitivo relacionado con la edad. La actividad física tiene un efecto positivo en la estructura cerebral y las habilidades cognitivas, promoviendo la plasticidad del cerebro incluso en la vejez. Aquellos que hacen ejercicio regularmente apoyan la regeneración de su cerebro y mantienen sus habilidades cognitivas.

Bueno saber

Remodelación dendrítica

El cambio en la estructura de las dendritas, las ramificaciones de las neuronas que reciben señales de otras neuronas. La remodelación dendrítica influye en la eficiencia de la transmisión de señales y juega un papel en la adaptación del cerebro a nueva información.

Reorganización cortical

La redistribución de funciones entre diferentes áreas de la corteza cerebral. Este proceso permite que el cerebro se recupere de lesiones, ya que áreas cerebrales sanas asumen las funciones de áreas dañadas.

Potencial de Regeneración de las Regiones Cerebrales

Potencial de regeneración relativo de las regiones cerebrales.

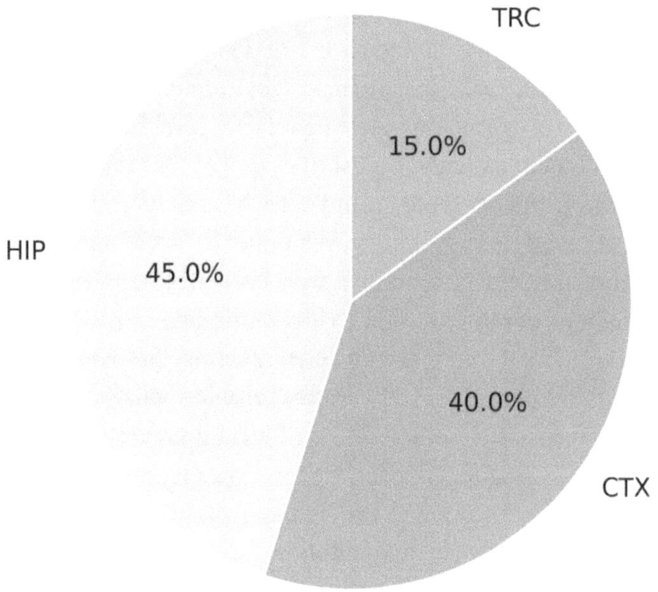

- CTX: Corteza
- HIP: Hipocampo
- TRC: Tronco Encefálico

El hipocampo muestra la mayor capacidad regenerativa, lo que sugiere que es el más adaptable al cambio y la recuperación. La corteza exhibe un potencial moderado, lo que indica cierta capacidad de reparación y plasticidad. El tronco encefálico muestra una regeneración limitada, lo que refleja su papel crítico en las funciones vitales básicas donde se prioriza la estabilidad sobre la adaptabilidad.

Mecanismos de adaptación

Los mecanismos de adaptación del cerebro permiten responder a cambios y ajustarse a ellos. Estas adaptaciones se manifiestan a nivel neuronal a través de cambios en la estructura y función de las sinapsis, la formación de nuevas neuronas (neurogenese) y la reorganización de áreas corticales [s62]. La synaptische_plastizitaet, la capacidad de las sinapsis para cambiar su fuerza, es fundamental para los procesos de aprendizaje y memoria, así como para la recuperación de lesiones cerebrales [s62]. Otro mecanismo, la metaplasticidad, describe el cambio en la plasticidad sináptica misma y, por lo tanto, influye en la adaptabilidad del cerebro [s62]. La plasticidad homeostática mantiene la actividad neuronal en equilibrio y contribuye a la estabilidad de las redes neuronales [s62]. El estrés, un factor común en la vida cotidiana, influye en estos mecanismos de adaptación y puede tener efectos tanto positivos como negativos en el cerebro [s63]. El estrés crónico puede, por ejemplo, llevar a cambios estructurales en el hipocampo y en el praefrontalen_kortex, que pueden estar asociados con deterioros cognitivos [s63]. Inversamente, el manejo de los estresores puede fortalecer la adaptabilidad del cerebro y aumentar la resiliencia frente a futuras tensiones [s63]. La música, que activa regiones cerebrales multisensoriales, ofrece un buen ejemplo de la inducción de plasticidad neuronal [s64]. Tocar un instrumento requiere la coordinación de procesos auditivos, motores y cognitivos, y puede llevar a cambios estructurales y funcionales en el cerebro que impactan positivamente en las habilidades cognitivas [s64]. Quienes tocan un instrumento regularmente no solo entrenan sus habilidades musicales, sino que también fomentan la adaptabilidad de su cerebro.

Bueno saber

Áreas corticales

Las áreas corticales son regiones de la corteza cerebral especializadas en funciones específicas, como la visión, la audición o el movimiento. A través de la plasticidad del cerebro, estas áreas pueden ajustar su tamaño y función a las demandas cambiantes.

Plasticidad homeostática

La plasticidad homeostática describe la capacidad del cerebro para mantener toda la actividad neuronal dentro de un rango específico. Este mecanismo es importante para la estabilidad y el equilibrio de las redes neuronales.

Plasticidad y Adaptabilidad Cerebral

Adaptabilidad cognitiva en diferentes regiones y funciones cerebrales.

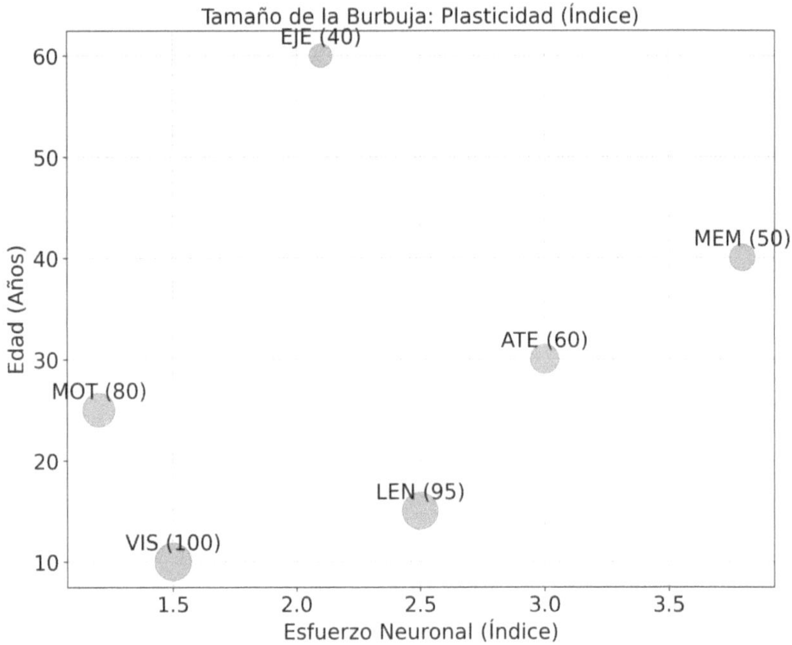

Blasengröße: Plasticidad (Índice)

ATE: Atención

EJE: Función Ejecutiva

LEN: Lenguaje

MEM: Memoria

MOT: Habilidades Motoras

VIS: Procesamiento Visual

El gráfico destaca los diferentes niveles de plasticidad en las distintas funciones cerebrales. Las habilidades motoras y la adquisición del lenguaje demuestran una alta adaptabilidad, especialmente en individuos más jóvenes, lo que se indica con burbujas de mayor tamaño. La memoria y las funciones ejecutivas, si bien son adaptables, muestran menos plasticidad, lo que sugiere que están influenciadas por otros factores más allá de los cambios dependientes de la experiencia. La visualización también sugiere una posible correlación entre el nivel de plasticidad y el esfuerzo cognitivo requerido para la adaptación.

Consejos concretos

- La plasticidad cerebral, la neuroplasticidad, permite la adaptación y el aprendizaje a lo largo de todas las etapas del desarrollo.
- La investigación de la interacción entre factores genéticos, influencias ambientales y modificaciones epigenéticas ofrece nuevas perspectivas para comprender las diferencias individuales en la plasticidad.
- La investigación futura debería examinar más de cerca la dinámica de la neuroplasticidad en el contexto de los procesos de envejecimiento y las enfermedades neurodegenerativas.
- El desarrollo de intervenciones personalizadas que fomenten la neuroplasticidad de manera específica podría abrir nuevos enfoques terapéuticos para enfermedades neurológicas y psiquiátricas.
- El estudio de las bases neuronales de la resiliencia y su influencia en la plasticidad del cerebro promete nuevos conocimientos para el manejo del estrés y la promoción de la salud mental.
- La investigación de los efectos de los desarrollos tecnológicos, como la realidad virtual, en la neuroplasticidad podría dar lugar a métodos de entrenamiento innovadores.
- El desarrollo de biomarcadores para la neuroplasticidad podría mejorar el diagnóstico y tratamiento de enfermedades neurológicas.
- La reflexión ética sobre las posibilidades y límites de la influencia dirigida en la neuroplasticidad es esencial.
- Se les invita a cuestionar críticamente las perspectivas presentadas y a participar activamente en la investigación futura sobre la neuroplasticidad.

Revisión - 2. Desarrollo cerebral a lo largo de la vida

Este capítulo ha iluminado el fascinante viaje del desarrollo cerebral desde la fase prenatal hasta la edad adulta. Se ha hecho evidente cuán dinámico y plástico es el cerebro a lo largo de la vida y cómo se moldea fuertemente a través de experiencias e influencias ambientales. Los procesos de desarrollo presentados, desde la neurogénesis y la formación de sinapsis hasta la mielinización y la reducción sináptica, destacan la continua capacidad de adaptación del cerebro a nuevos desafíos. Es particularmente notable la comprensión de que esta plasticidad no se limita a la infancia, sino que también se mantiene en la edad adulta, aunque en una forma atenuada. Esto abre posibilidades para el aprendizaje a lo largo de la vida y la compensación de los cambios neuronales relacionados con la edad.

Las fases sensibles descritas en el capítulo, especialmente en la primera infancia y la adolescencia, subrayan la importancia de medidas de apoyo específicas. Un entorno estimulante, rico en insumos sensoriales, motores y sociales, puede influir positivamente en el desarrollo neuronal y sentar las bases para habilidades cognitivas y emocionales posteriores. Al mismo tiempo, la vulnerabilidad del cerebro en desarrollo a influencias negativas como la privación o el consumo de sustancias resalta la necesidad de medidas preventivas. Aquí es fundamental considerar las necesidades individuales y los trayectos de desarrollo para poder ofrecer un apoyo adecuado. La implementación de tales medidas requiere una colaboración interdisciplinaria entre educadores, terapeutas y padres, donde también las condiciones sociales, como el acceso a la educación infantil y la atención sanitaria, juegan un papel decisivo.

Los hallazgos presentados en el capítulo también plantean preguntas críticas. La interacción entre factores genéticos e influencias ambientales en el desarrollo cerebral sigue siendo objeto de intensa investigación. La creciente digitalización de nuestro entorno representa un nuevo desafío, cuyos efectos sobre el desarrollo neuronal, especialmente en la adolescencia, aún no se han comprendido completamente. La investigación sobre la relación entre el desarrollo cerebral y la salud mental está ganando cada vez más importancia, ya que muchas enfermedades mentales tienen su origen en la infancia o la adolescencia. Una comprensión más profunda de estas interrelaciones puede contribuir al desarrollo de medidas preventivas e intervenciones terapéuticas tempranas.

En conclusión, se puede afirmar que comprender el desarrollo cerebral a lo largo de la vida es esencial para fomentar de manera óptima el aprendizaje individual y los potenciales de desarrollo. Los hallazgos de las neurociencias ofrecen valiosos puntos de referencia para el diseño de procesos educativos y de crianza, así como para el desarrollo de intervenciones preventivas y terapéuticas. La investigación adicional sobre las complejas interacciones entre factores genéticos, el entorno y la plasticidad neuronal contribuirá a comprender aún mejor la capacidad de adaptación del cerebro a lo largo de la vida y a utilizarla de manera específica. En este sentido, el enfoque debe centrarse siempre en un enfoque holístico que coloque las necesidades individuales y los trayectos de desarrollo en el centro.

3. Medicina y salud cerebral

¿Qué sucede cuando nuestro órgano más complejo pierde el equilibrio? El cerebro humano necesita condiciones precisas para su funcionamiento y un suministro continuo de nutrientes. La medicina moderna ha logrado avances notables en la comprensión de las relaciones entre la salud cerebral y el estilo de vida. Desde la prevención hasta la rehabilitación, se abren nuevas perspectivas para el tratamiento de enfermedades neurológicas. Los fascinantes hallazgos de los últimos años arrojan una luz completamente nueva sobre la cuestión de cómo podemos mantener nuestro cerebro sano durante toda la vida.

3. 1 Daño cerebral

Las lesiones cerebrales representan un inmenso desafío para la medicina y los afectados. La prevención abarca medidas que van desde el uso de ropa protectora hasta la reducción de factores de riesgo como el estrés. La rehabilitación aprovecha la neuroplasticidad del cerebro para restaurar funciones perdidas, desde la terapia de movimiento hasta tecnologías innovadoras como la estimulación cerebral y la realidad virtual. Además, los enfoques farmacológicos y terapéuticos ofrecen más posibilidades para tratar las consecuencias de las lesiones cerebrales. Descubra en este capítulo más sobre las diversas estrategias en la lucha contra las lesiones cerebrales y por una mejor vida tras una lesión cerebral.

El tratamiento efectivo de las lesiones cerebrales a menudo requiere una combinación de diferentes enfoques terapéuticos que utilizan tanto métodos establecidos como tecnologías innovadoras para abordar las necesidades individuales de los pacientes y lograr resultados óptimos.

Medidas de prevención

Las medidas de prevención tienen como objetivo reducir el riesgo de daño cerebral o minimizar sus consecuencias. Un aspecto importante es la protección contra lesiones cerebrales traumáticas. Usar cascos al andar en bicicleta o practicar deportes reduce la gravedad de las lesiones en la cabeza. [s65] Además de estas medidas de protección mecánicas, evitar lesiones repetidas en la cabeza, especialmente en el deporte, es crucial para protegerse contra daños a largo plazo. [s65] También es importante una evaluación y tratamiento estandarizados incluso en lesiones cerebrales traumáticas leves. [s66] La investigación subraya la importancia de los factores de género en la aparición, tratamiento e investigación de daños cerebrales. [s66] Por lo tanto, las estrategias de prevención y las terapias deben tener en cuenta estas diferencias y ser optimizadas tanto para hombres como para mujeres. [s66] Otro enfoque de la prevención se centra en la reducción de los factores de riesgo de accidente cerebrovascular. Controlar estos factores no solo puede prevenir accidentes cerebrovasculares, sino que también puede reducir el riesgo de demencia. [s67] La investigación actual también aborda influencias ambientales como el estrés o sustancias químicas y sus efectos en enfermedades neurológicas. [s67] Los conocimientos obtenidos de la prevención de accidentes cerebrovasculares deben aplicarse en el futuro a otros trastornos neurológicos. [s67] Como muestran estos ejemplos, la prevención de daños cerebrales abarca un amplio espectro de medidas, desde la reducción de factores de riesgo individuales hasta estrategias sociales como la mejora de los estándares de seguridad.

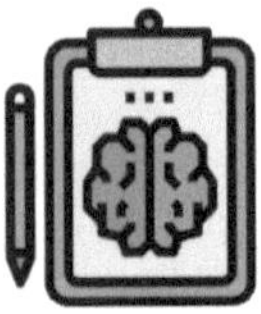

Bueno saber

Enfermedades neurológicas

Las enfermedades neurológicas abarcan un amplio espectro de trastornos del sistema nervioso que pueden afectar el cerebro, la médula espinal y los nervios periféricos. La investigación de las enfermedades neurológicas tiene como objetivo comprender los mecanismos subyacentes y desarrollar nuevas opciones de tratamiento.

Lesiones cerebrales traumáticas

Las lesiones cerebrales traumáticas son causadas por la acción violenta externa sobre la cabeza y pueden llevar a diferentes discapacidades en las funciones cerebrales según su gravedad. La investigación se centra, entre otras cosas, en el desarrollo de nuevos procedimientos diagnósticos y terapéuticos para mejorar el tratamiento y la rehabilitación de pacientes con lesiones cerebrales traumáticas.

Eficacia de las medidas preventivas contra el daño cerebral

Eficacia de diferentes medidas preventivas

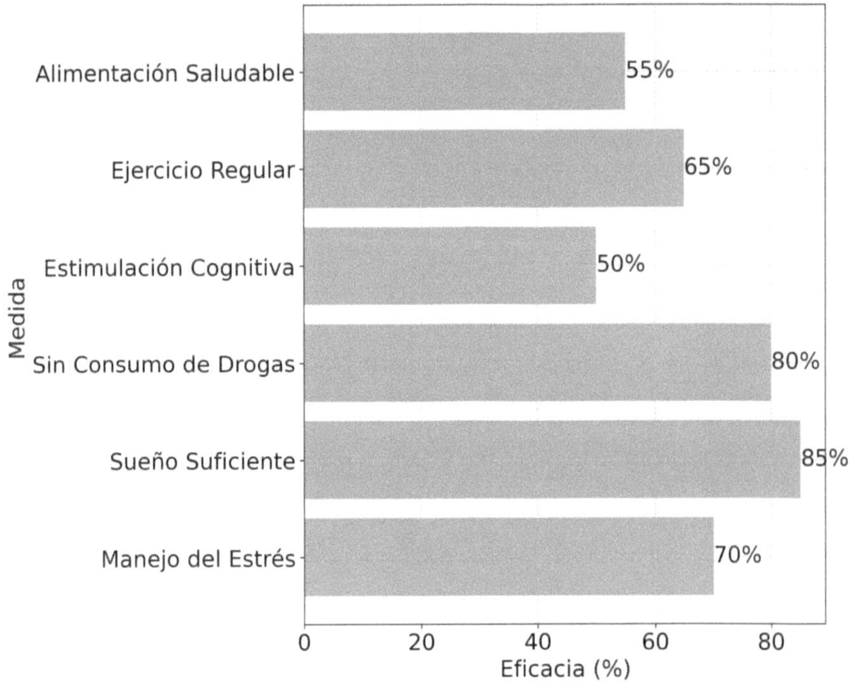

ALS: Alimentación Saludable

EJR: Ejercicio Regular

ESC: Estimulación Cognitiva

MES: Manejo del Estrés

SCD: Sin Consumo de Drogas

SUE: Sueño Suficiente

El ejercicio regular y la estimulación cognitiva muestran la mayor eficacia, mientras que una dieta saludable y un sueño adecuado también son factores importantes. La gestión del estrés y la abstinencia del consumo de drogas tienen una influencia moderada, pero aún relevante, en la salud del cerebro.

Métodos de rehabilitación

Los métodos de rehabilitación tras un daño cerebral se centran en la restauración de funciones perdidas y la mejora de la calidad de vida. Un enfoque importante utiliza la neuroplastizitaet, la capacidad del cerebro para reorganizarse y adaptarse. [s68] A través de un entrenamiento específico, se pueden fortalecer las conexiones neuronales y formar nuevas, lo que permite la recuperación de habilidades. Por ejemplo, en la terapia de movimiento inducida por restricción, los terapeutas obligan a los pacientes a utilizar el miembro afectado en su vida diaria para fomentar la reorganización neuronal y mejorar la función. [s68] La práctica repetida de tareas motoras específicas fortalece las synaptischen_verbindungen y también apoya la kortikale_reorganisation. [s68] Las técnicas de rehabilitación cognitiva emplean ejercicios estructurados para mejorar funciones como la memoria, la atención y la resolución de problemas. Además, la realidad virtual y los enfoques lúdicos ofrecen entornos interactivos que aumentan la motivación de los pacientes y fomentan la reorganización neuronal a través de ejercicios específicos. [s68] También se utilizan enfoques neuroplásticos para la recuperación del lenguaje y la comunicación tras un daño cerebral. [s68] Complementando estos métodos establecidos, los avances tecnológicos abren nuevas posibilidades en la neurorehabilitación. Los procedimientos de estimulación cerebral no invasivos, como la estimulación magnética transcraneal repetitiva (rTMS), la estimulación transcraneal de corriente directa (tDCS) y la estimulación transcraneal de corriente alterna (tACS) influyen en la actividad neuronal y pueden mejorar el rendimiento cognitivo. [s69] Mientras que la rTMS estimula la actividad neuronal y puede provocar efectos inhibitorios o excitatorios, la tDCS modula la actividad cortical mediante una corriente eléctrica suave. [s69] La tACS, a su vez, estimula las ondas cerebrales naturales a ciertas frecuencias. [s69] La terapia láser de baja energía (LLLT) también muestra resultados prometedores gracias a sus propiedades neuroprotectoras, que reducen la muerte celular y fomentan la formación de nuevos vasos sanguíneos y la neurogenese. [s69] La realidad virtual (VR) ofrece un entorno seguro para la rehabilitación motora y cognitiva y ha demostrado ser eficaz en la mejora de habilidades motoras y exekutiven_funktionen. [s69] Estos procedimientos permiten enfoques personalizados que se adaptan a las necesidades individuales de los pacientes. [s68] Así, a través de la realidad virtual, un paciente puede practicar tareas cotidianas en un entorno simulado sin estar expuesto a los riesgos del mundo real. La combinación de métodos de rehabilitación tradicionales con tecnologías innovadoras ofrece un amplio espectro de posibilidades para apoyar la recuperación tras un daño cerebral y mejorar la calidad de vida de los afectados.

Bueno saber

Estimulación magnética transcraneal repetitiva
Un procedimiento no invasivo en el que se envían impulsos magnéticos a través del cráneo para influir en la actividad de las neuronas en el cerebro y apoyar la rehabilitación.

Terapia de movimiento inducida por restricción
Una forma de terapia en la que se restringe el movimiento del miembro sano para obligar al paciente a utilizar el miembro dañado y así mejorar su función mediante la reorganización neuronal.

Métodos de Rehabilitación de Lesiones Cerebrales

Distribución de los enfoques de rehabilitación para la recuperación de lesiones cerebrales.

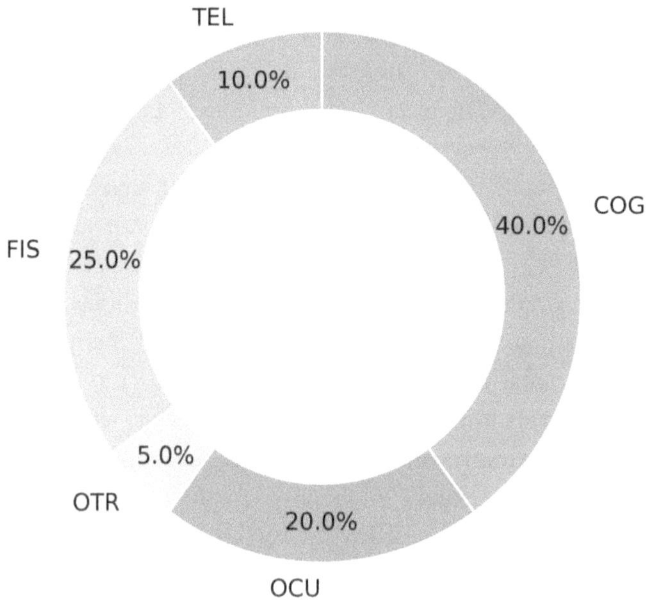

COG: Rehabilitación Cognitiva
FIS: Fisioterapia
OCU: Terapia Ocupacional
OTR: Otras Terapias
TEL: Terapia del Habla y el Lenguaje

La rehabilitación cognitiva representa la mayor parte de las terapias, destacando su importancia para abordar los deterioros cognitivos. Las terapias físicas y ocupacionales, aunque más pequeñas, desempeñan un papel crucial en la recuperación de la función motora y la independencia. La terapia del habla y el lenguaje aborda los desafíos de la comunicación, mientras que la categoría 'otros' probablemente abarca terapias emergentes y enfoques individualizados.

Enfoques terapéuticos

Los enfoques terapéuticos para lesiones cerebrales tienen como objetivo restaurar funciones perdidas y mejorar la calidad de vida. Además de los métodos de rehabilitación mencionados en la sección anterior, como la einschraenkungsinduzierten_bewegungstherapie o las técnicas de rehabilitación cognitiva, existen otras estrategias de tratamiento que se utilizan según el tipo y la gravedad de la lesión cerebral. En lesiones cerebrales traumáticas, el tratamiento agudo se centra en estabilizar las funciones vitales y evitar daños adicionales. [s70] Las terapias farmacológicas pueden aliviar el dolor, suprimir convulsiones, regular la coagulación sanguínea, reducir la presión intracraneal y promover la circulación. [s70] Además, se pueden administrar estimulantes, antidepresivos y ansiolíticos para tratar los síntomas. [s70] En la parálisis cerebral, una lesión cerebral infantil, el tratamiento se centra en mejorar las habilidades motoras y cognitivas. La fisioterapia y la terapia ocupacional fomentan la fuerza muscular, el equilibrio y la realización de actividades diarias. [s71] Medicamentos como el toxina botulínica pueden relajar músculos hiperactivos, mientras que dispositivos como ortesis o sillas de ruedas apoyan la movilidad y la comunicación. [s71] Las terapias farmacológicas que se centran en la neuroplasticidad mejoran la transmisión sináptica y apoyan la recuperación funcional. [s72] Programas de entrenamiento cognitivo y técnicas de neuromodulación, como la estimulación magnética transcraneal, ofrecen más oportunidades para la rehabilitación. [s72] Al combinar diferentes enfoques terapéuticos, se pueden lograr efectos sinérgicos y mejorar los resultados de la rehabilitación. [s72] Un paciente con limitaciones motoras después de un accidente cerebrovascular podría, por ejemplo, mejorar sus funciones motoras y recuperar su independencia en la vida diaria a través de fisioterapia, programas de entrenamiento cognitivo y el uso de gehirncomputerschnittstellen. Las interfaces cerebro-

computadora permiten controlar dispositivos externos mediante señales neuronales, lo que promueve la neuroplasticidad. [s73] La terapia del habla y del lenguaje apoya la recuperación de la capacidad de comunicación después de lesiones cerebrales, mientras que la terapia ocupacional se centra en restaurar la capacidad para realizar tareas diarias y alcanzar la independencia funcional. [s73]

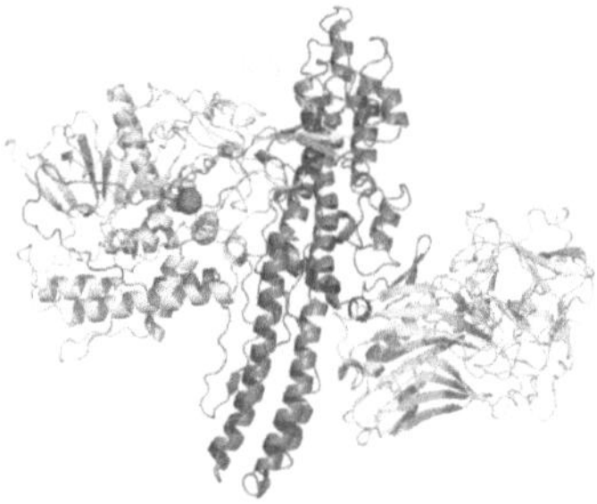

Toxina botulínica [i22]

Órtesis [i23]

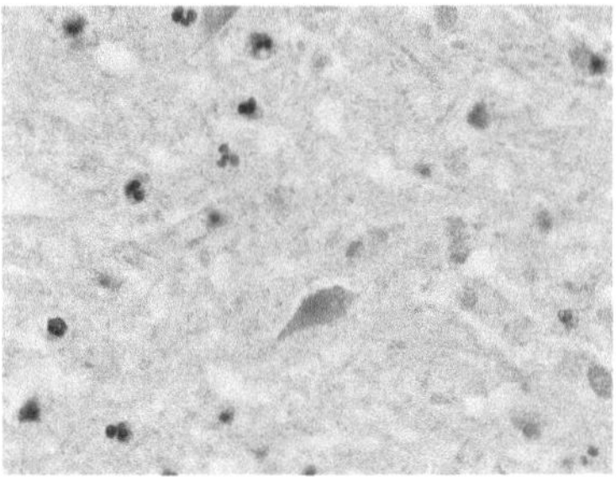

accidente cerebrovascular (ACV) [i24]

Estimulación magnética transcraneal
Un método no invasivo de estimulación cerebral que utiliza impulsos magnéticos para influir en la actividad en regiones específicas del cerebro y así apoyar la rehabilitación tras lesiones cerebrales.

Técnicas de rehabilitación cognitiva
Ejercicios y estrategias que tienen como objetivo mejorar funciones cognitivas como la memoria, la atención y las habilidades de resolución de problemas tras una lesión cerebral.

Terapia del habla y del lenguaje
Una forma de terapia que ayuda a las personas con trastornos del habla y del lenguaje tras lesiones cerebrales a mejorar o recuperar sus habilidades de comunicación.

Terapia ocupacional
Una forma de terapia que ayuda a las personas tras una lesión cerebral a poder realizar actividades diarias y tareas laborales nuevamente.

Enfoques terapéuticos para el daño cerebral

Eficacia de las terapias de rehabilitación de lesiones cerebrales

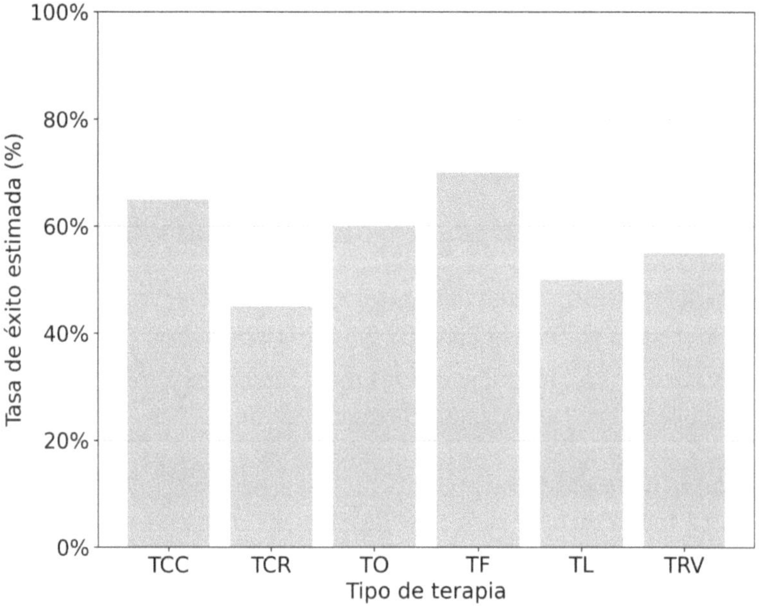

TCC: Terapia de movimiento restringido
TF: Fisioterapia
TO: Terapia ocupacional
TCR: Terapia de remediación cognitiva
TL: Terapia del lenguaje
TRV: Terapia de realidad virtual

Mientras que la terapia de movimiento restringido (TMR) muestra resultados prometedores en la recuperación de la función motora, la eficacia de la terapia de remediación cognitiva (TRC) varía según el dominio cognitivo al que se dirige. La terapia de realidad virtual (TRV) demuestra potencial, pero requiere más investigación para consolidar su eficacia. En general, los datos sugieren que un enfoque multifacético, que combine diferentes terapias, probablemente produzca los beneficios más completos para los pacientes.

Consejos concretos

- Las lesiones cerebrales representan un desafío complejo para la medicina, cuya superación requiere enfoques innovadores e interdisciplinarios.
- La investigación de las reacciones individuales a las lesiones, especialmente considerando factores genéticos y epigenéticos, es crucial para terapias personalizadas.
- El desarrollo de intervenciones farmacológicas dirigidas que estimulen procesos regenerativos en el cerebro ofrece posibilidades prometedoras.
- La combinación de métodos de rehabilitación establecidos con tecnologías innovadoras, como interfaces cerebro-computadora y realidad virtual, permite enfoques terapéuticos individualizados y adaptativos.
- El estudio de las secuelas a largo plazo de las lesiones cerebrales, especialmente en relación con las discapacidades cognitivas y emocionales, es esencial para el desarrollo de medidas de apoyo sostenibles.
- Se debe considerar la importancia de la prevención de lesiones cerebrales, por ejemplo, mediante la reducción de factores de riesgo como la hipertensión y la diabetes.
- La promoción de la investigación para mejorar los procedimientos diagnósticos que permitan la detección temprana de lesiones cerebrales es de gran relevancia.
- El desarrollo de nuevos biomarcadores podría mejorar la detección temprana y el seguimiento de las lesiones cerebrales, así como acelerar el desarrollo de terapias dirigidas.

3. 2 Energía cerebral

El cerebro requiere enormes cantidades de energía para procesos complejos como los impulsos nerviosos y la síntesis de neurotransmisores. Esta energía, obtenida principalmente de la glucosa, constituye la base de las funciones cognitivas. Sin embargo, el suministro de energía del cerebro es susceptible a alteraciones por factores como una dieta desequilibrada, problemas vasculares o enfermedades neurodegenerativas. Además de la glucosa, fuentes de energía alternativas como el lactato y los cuerpos cetónicos juegan un papel importante, especialmente en condiciones metabólicas particulares. Además, factores como el sueño, la música y el ejercicio influyen en el rendimiento cognitivo. Comprenda las complejas interrelaciones de la energía cerebral y descubra cómo estas afectan la salud y el rendimiento de su cerebro.

El suministro de energía del cerebro es una interacción compleja de diversos factores que va más allá de la simple ingesta de glucosa e incluye la alimentación, el sueño, el ejercicio, la interacción social y el entrenamiento cognitivo para garantizar una función y salud cerebral óptimas.

Procesos metabólicos

Los procesos metabólicos en el cerebro son complejos y están estrechamente relacionados con el suministro de energía y la función de las neuronas. El cerebro requiere grandes cantidades de energía para su actividad, aproximadamente el 20% de las necesidades energéticas totales del cuerpo [s74] [s75]. Esta energía se obtiene principalmente de la glucosa, que se transporta al cerebro a través del torrente sanguíneo. Las neuronas, que consumen entre el 75% y el 80% de la energía producida en el cerebro [s75], utilizan esta glucosa junto con oxígeno para la producción de energía. Esta energía es esencial para mantener el potencial de membrana en reposo, la generación y transmisión de impulsos nerviosos, así como la síntesis de neurotransmisores y otras moléculas importantes. Las demandas energéticas en el cerebro son dinámicas y no están distribuidas uniformemente [s75]. Aumentan en las regiones cerebrales activas, lo que requiere una adaptación flexible del suministro de energía. Esta adaptación se lleva a cabo a través de la llamada acoplamiento neurovascular, que regula el flujo sanguíneo y, por lo tanto, el suministro de oxígeno y glucosa a las neuronas activas [s75]. Los astrocytes, un tipo de células gliales, desempeñan un papel clave en este proceso [s75]. Registran la actividad neuronal y señalan a los vasos sanguíneos que aumenten el flujo sanguíneo en las áreas activas. Una hipótesis sugiere que los astrocytes también producen lactato, que puede ser utilizado por las neuronas como fuente adicional de energía [s75]. La nutrición tiene un impacto directo en los procesos metabólicos y la función cognitiva del cerebro [s76]. Un suministro adecuado de ácidos grasos omega-3 apoya la función sináptica y los procesos cognitivos [s76]. En contraste, una dieta alta en ácidos grasos saturados puede afectar las bases moleculares de los procesos cognitivos [s76]. La ingesta de alimentos no solo influye en el suministro de energía, sino también en la synaptische_plastizitaet, la capacidad del cerebro para cambiar sus conexiones y adaptarse a nueva información [s76]. Hormonas como la leptina y la grelina, producidas en el tracto gastrointestinal, afectan la función cognitiva y el bienestar emocional [s76]. Otros factores importantes son el BDNF (Factor Neurotrófico Derivado del Cerebro), la insulina y el IGF1 (Factor de Crecimiento Similar a la Insulina 1), que modulan la actividad sináptica y el procesamiento cognitivo [s76]. Una combinación de una dieta saludable y ejercicio regular potencia los efectos positivos sobre la plasticidad sináptica y la función cognitiva [s76]. También, una restricción calórica puede promover la plasticidad sináptica [s76]. La ingesta de antioxidantes ofrece protección contra el estrés oxidativo [s76]. Por ejemplo, el consumo diario de bayas, que son ricas en antioxidantes, puede ayudar a mantener el rendimiento cognitivo. Las alteraciones en los procesos metabólicos pueden tener graves consecuencias para la función cerebral. En enfermedades neurodegenerativas, se produce una reducción en la captación de glucosa y una disminución en la producción de energía [s74]. Las inflamaciones crónicas en el cerebro, que surgen de disfunciones en las células gliales, pueden afectar la función normal de las neuronas [s74]. Problemas vasculares, como la arteriosclerosis o mini-accidentes cerebrovasculares, ponen en peligro el suministro de sangre al cerebro y, por ende, el suministro de oxígeno y nutrientes [s74]. La falta de oxígeno (hipoxia) y el estrés oxidativo son factores importantes que regulan la función neuronal y juegan un papel en las enfermedades neurodegenerativas [s75]. HIF-1α (Factor Inducible por Hipoxia 1 alfa) es un regulador central de la respuesta a la hipoxia y afecta la adaptación metabólica de las neuronas [s75]. Las alteraciones en el metabolismo oxidativo y en la función mitocondrial son características de las enfermedades neurodegenerativas [s75].

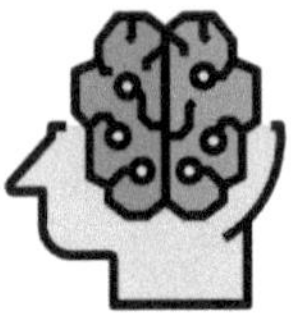

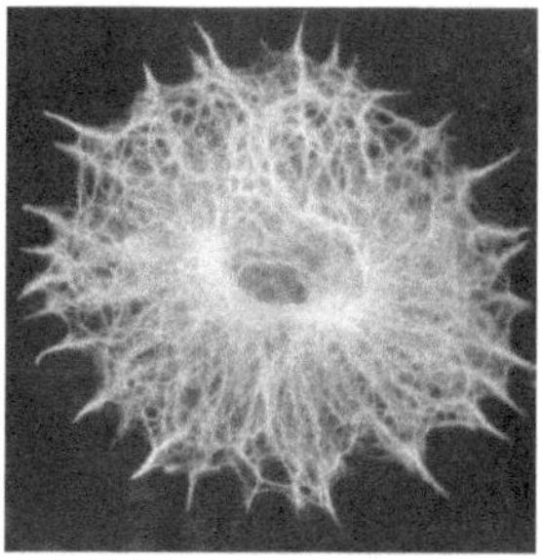

Astrocito [i25]

Acoplamiento neurovascular

El acoplamiento neurovascular describe el mecanismo que ajusta el suministro local de sangre a la actividad neuronal. Un aumento en la actividad neuronal conduce a la dilatación de los vasos sanguíneos y, por lo tanto, a un mayor suministro de oxígeno y glucosa.

Estrés oxidativo

El estrés oxidativo se produce por un desequilibrio entre la producción de radicales libres y la capacidad del cuerpo para neutralizarlos. El estrés oxidativo puede causar daño celular y juega un papel en el desarrollo de enfermedades neurodegenerativas.

Potencial de membrana en reposo

El potencial de membrana en reposo es la tensión eléctrica que existe a través de la membrana celular de una neurona en reposo. Mantener este potencial requiere energía y es esencial para la capacidad de la neurona de responder a estímulos.

Restricción calórica

La restricción calórica, es decir, una ingesta reducida de calorías sin desnutrición, puede aumentar la plasticidad sináptica y la resistencia del cerebro a daños.

Consumo de energía en las regiones cerebrales

Consumo de energía por región cerebral, tamaño por volumen regional.

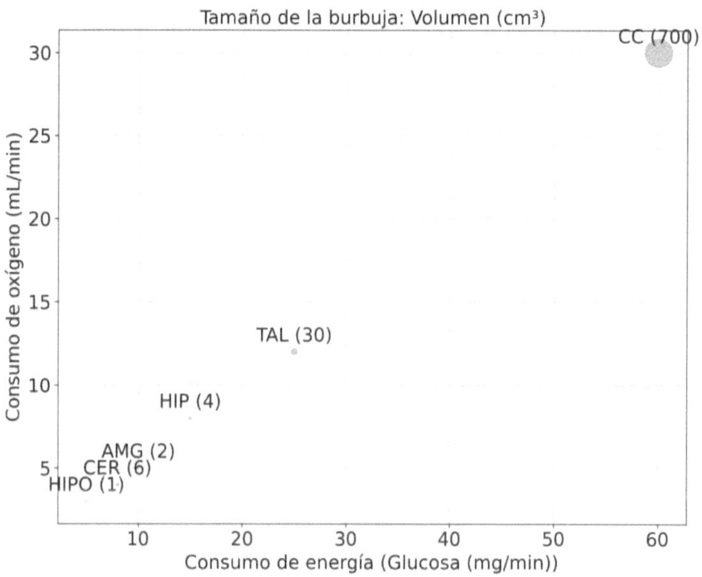

Blasengröße: Volumen (cm3)

AMG: Amígdala	CC: Corteza
CER: Cerebelo	HIP: Hipocampo
HIPO: Hipotálamo	TAL: Tálamo

La representación visual destaca la demanda sustancial de energía de ciertas regiones del cerebro a pesar de sus diferentes tamaños. Las regiones más grandes como la corteza, aunque consumen una cantidad significativa de energía, demuestran una densidad de energía relativamente más baja en comparación con áreas más pequeñas pero altamente activas como el hipocampo. Esto sugiere que funciones específicas, como la formación de la memoria y el procesamiento cognitivo, requieren entradas de energía desproporcionadamente altas.

Suministro de energía

El suministro de energía del cerebro se basa principalmente en la glucosa, aunque los sustratos alternativos están ganando importancia, especialmente en condiciones metabólicas especiales. Así, el cerebro puede absorber y utilizar directamente el lactato, un subproducto del metabolismo de la glucosa, de la sangre [s77]. Esto es relevante no solo durante la actividad física, cuando la producción de lactato en el cuerpo está aumentada, sino que también en estado de reposo, el lactato contribuye al suministro de energía del cerebro [s77]. Los estudios muestran que la proporción de lactato en el suministro total de energía del cerebro en reposo es de aproximadamente el 8% y puede aumentar hasta el 27% bajo carga, como en la infusión de lactato o durante el ejercicio [s77]. La capacidad del cerebro para utilizar lactato amplía la flexibilidad de su suministro de energía y subraya la compleja interacción entre diferentes vías metabólicas. Además del lactato, los cuerpos cetónicos, que se producen en mayor cantidad en el hígado durante el ayuno prolongado o la dieta baja en carbohidratos, pueden servir como fuente de energía alternativa [s78]. Tanto durante el desarrollo como en el cerebro adulto, las enzimas necesarias para la utilización de cuerpos cetónicos están presentes [s78]. En situaciones de escasez de glucosa, como en la hipoglucemia, el cerebro puede recurrir a glucógeno y aminoácidos a corto plazo, aunque estas reservas son limitadas [s78]. Una falta prolongada de glucosa u oxígeno conduce a un deterioro de la función cerebral y puede, en última instancia, resultar en la muerte celular [s78]. La importancia de un suministro continuo y adecuado de energía al cerebro se subraya por el hecho de que las neuronas, los principales consumidores de la energía producida en el cerebro, necesitan glucosa y lactato para mantener sus funciones [s79]. Las simulaciones muestran que la glucosa se transporta de manera eficiente a las neuronas, donde se metaboliza y contribuye, entre otras cosas, a la formación de lactato [s79]. Este lactato neuronal puede ser absorbido y procesado por células vecinas, como los astrocitos, lo que subraya la importancia del transporte de lactato entre neuronas y células gliales para la homeostasis energética en el cerebro [s80]. Los astrocitos también desempeñan un papel importante en la glucogenólisis, la conversión de glucógeno en lactato, que luego está disponible como fuente de energía para las neuronas, especialmente en situaciones de alta demanda energética [s80]. Estos complejos procesos metabólicos ilustran la regulación finamente ajustada del suministro de energía en el cerebro y la importancia de diferentes sustratos para mantener la función neuronal. Una dieta equilibrada, rica en carbohidratos complejos, grasas saludables y suficientes proteínas, apoya el suministro óptimo de energía al cerebro y contribuye a la salud cerebral a largo plazo. Por ejemplo, el consumo regular de productos integrales, que proporcionan carbohidratos complejos y mantienen estable el nivel de azúcar en sangre, puede garantizar el suministro continuo de energía al cerebro.

Cuerpos cetónicos

Fuente de energía alternativa para el cerebro, que se produce en el hígado durante el ayuno prolongado o la dieta baja en carbohidratos. Los cuerpos cetónicos pueden asumir una parte significativa del suministro de energía del cerebro cuando la glucosa es limitada.

Glucogenólisis

La conversión de glucógeno en glucosa. En el cerebro, el glucógeno se almacena principalmente en los astrocitos y se convierte en lactato según sea necesario para suministrar energía a las neuronas.

Hipoglucemia

Un estado caracterizado por un bajo nivel de azúcar en sangre. La hipoglucemia puede llevar a deterioros en la función cerebral, ya que el cerebro depende de un suministro adecuado de glucosa.

Transporte de lactato

El transporte de lactato entre neuronas y astrocitos. Las neuronas producen lactato, que puede ser absorbido y procesado por los astrocitos. Este intercambio juega un papel importante en la homeostasis energética del cerebro.

Fuentes de Energía Cerebral

Distribución de las fuentes de energía para la función cerebral.

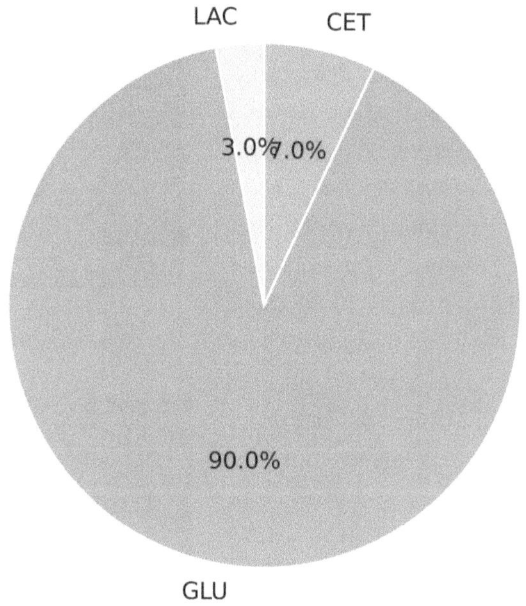

- CET: Cetonas
- GLU: Glucosa
- LAC: Lactato

El cerebro depende en gran medida de la glucosa para sus necesidades energéticas, lo que representa una parte significativa de su consumo de energía. Si bien las cetonas pueden servir como fuente de combustible alternativa, su contribución es considerablemente menor. El lactato juega un papel menor, lo que sugiere que se utiliza en condiciones específicas. Esto destaca la dependencia del cerebro de un suministro constante de glucosa para un funcionamiento óptimo.

Optimización del rendimiento

La optimización del rendimiento en el contexto de la energía cerebral no solo considera el suministro puro de glucosa, lactato o ketonkoerper, sino que también incluye otros factores que influyen en las capacidades cognitivas. Un sueño adecuado es esencial para la regeneración y "desintoxicación" del cerebro [s81]. Al menos siete horas de sueño por noche permiten al sistema glinfático eliminar productos de desecho y preparar el cerebro para el día siguiente. Esta "limpieza" nocturna tiene un efecto positivo en el rendimiento de la memoria, la regulación del metabolismo y la reducción de la fatiga mental [s81]. Además de la duración del sueño, la arquitectura del sueño, es decir, el cambio entre diferentes fases del sueño, es crucial para la regeneración neuronal y la consolidación de la memoria [s81]. La música también puede influir en las funciones cognitivas [s82]. Al activar el sistema límbico, que es responsable de los procesos emocionales y de memoria, escuchar música puede influir positivamente en la memoria, la atención e incluso en el comportamiento [s82]. Además de estas estrategias más pasivas, las medidas activas también promueven la salud cognitiva. El ejercicio regular, por ejemplo, caminatas diarias, no solo tiene un efecto positivo en el cuerpo, sino también en el cerebro, al estimular la producción de

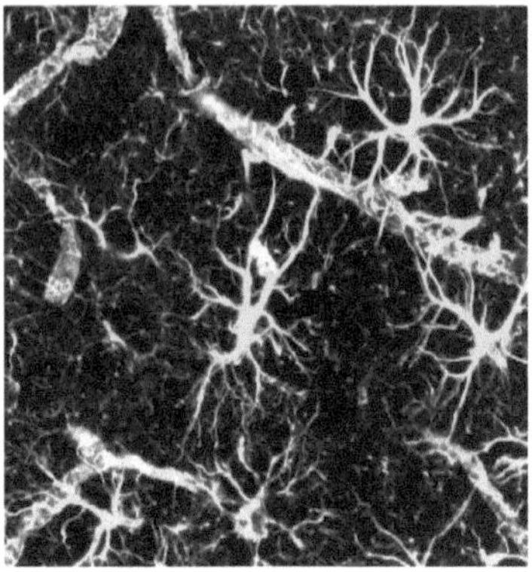

Sistema glinfático [i26]

arquitectura del sueño [i27]

BDNF (Factor Neurotrófico Derivado del Cerebro) [s83]. El BDNF promueve la synaptische_plastizitaet y la formación de nuevas neuronas, lo que mejora la capacidad de aprendizaje y la memoria [s83]. Mantener la salud cardiovascular mediante el control de la presión arterial también contribuye al rendimiento cognitivo [s84]. El establecimiento y mantenimiento de contactos sociales también tiene un efecto protector sobre la salud cognitiva [s84]. El entrenamiento cognitivo específico, como ejercicios de memoria o el aprendizaje de nuevas habilidades, puede ayudar a mantener las funciones cognitivas en la vejez [s84].

Bueno saber

Glucosa

La glucosa es la principal fuente de energía para el cerebro y se transporta a las células cerebrales a través del torrente sanguíneo. Un suministro constante de glucosa es crucial para mantener las funciones cerebrales.

Salud cardiovascular

La salud cardiovascular se refiere a la salud del corazón y los vasos sanguíneos. Un sistema cardiovascular saludable es importante para el suministro adecuado de oxígeno y nutrientes al cerebro.

Sistema glinfático

El sistema glinfático es una red de canales en el cerebro responsable del transporte de productos de desecho metabólico. Es especialmente activo durante el sueño y contribuye a la salud del cerebro.

Optimización del Rendimiento Cerebral

El rendimiento cognitivo cambia con el tiempo con las estrategias de optimización.

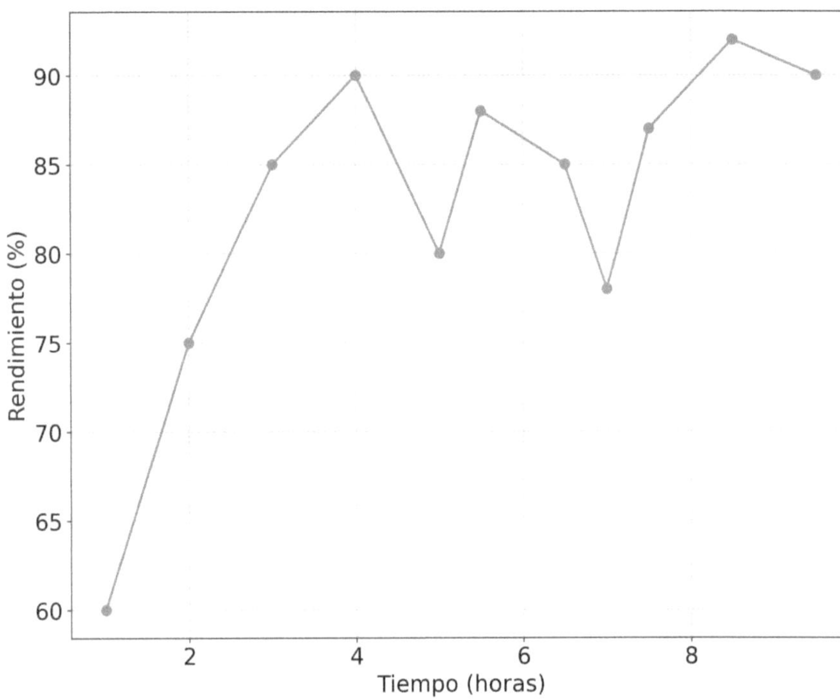

El rendimiento inicial muestra un aumento constante con el esfuerzo enfocado, alcanzando su punto máximo alrededor de la hora 4. Después de este punto, el rendimiento disminuye, lo que sugiere la aparición de fatiga mental. La implementación de descansos estratégicos (alrededor de las horas 5 y 7) conduce a importantes rebotes en el rendimiento, lo que demuestra la importancia del descanso para una función cognitiva sostenida. Los puntos de datos finales indican un alto rendimiento sostenido, lo que sugiere una optimización exitosa.

3. 3 Nutrición cerebral

La correcta nutrición cerebral influye en el rendimiento cognitivo, el bienestar emocional y la recuperación tras enfermedades neurológicas. Desde la infancia hasta la vejez, las necesidades de nutrientes esenciales como vitaminas, minerales y ácidos grasos cambian. Una alimentación desequilibrada o deficiencias pueden afectar el desarrollo y la función cerebral, aumentando el riesgo de enfermedades neurodegenerativas. Por el contrario, un suministro óptimo de nutrientes apoya el rendimiento y promueve la salud del cerebro. Descubra en este capítulo cómo puede fortalecer su cerebro a través de la alimentación adecuada.

Para un cerebro sano, un suministro óptimo de nutrientes es esencial en cada etapa de la vida, siendo una dieta equilibrada con fuentes de nutrientes naturales la base, y los suplementos dietéticos deben utilizarse solo de manera específica.

Necesidades nutricionales

Las necesidades nutricionales del cerebro cambian a lo largo de la vida y dependen de diversos factores como la edad, el estado de salud y la carga cognitiva. Durante el desarrollo temprano, especialmente en los primeros 1000 días desde la concepción hasta el segundo año de vida, el cerebro requiere una alta concentración de nutrientes específicos para su crecimiento y desarrollo [s85] [s86] [s87]. Nutrientes como proteínas, ácidos grasos omega-3, hierro, zinc, yodo, colina, ácido fólico y vitamina B12 son especialmente importantes en esta fase [s85] [s86] [s87]. La falta de estos nutrientes puede llevar a discapacidades a largo plazo en el desarrollo cognitivo, social y emocional [s85]. Por ejemplo, la deficiencia de hierro en la primera infancia puede causar trastornos del desarrollo [s85]. También en la edad adulta, el cerebro continúa necesitando un suministro constante de nutrientes para mantener sus funciones. Los micronutrientes como las vitaminas B, la vitamina D, la vitamina E y los antioxidantes tienen un efecto positivo en la función cognitiva [s88]. Los ácidos grasos omega-3 apoyan los procesos cognitivos y la función sináptica, mientras que un alto consumo de grasas saturadas puede afectar negativamente el procesamiento cognitivo [s88]. La glucosa sirve como la principal fuente de energía del cerebro [s89]. Los astrocitos, células gliales especializadas en el cerebro, juegan un papel importante en el transporte de glucosa y la distribución de metabolitos [s89]. Después de enfermedades neurológicas agudas como lesiones cerebrales traumáticas o accidentes cerebrovasculares, las necesidades nutricionales aumentan para apoyar los procesos metabólicos de regeneración [s90]. Un suministro nutricional optimizado puede promover la recuperación neurológica y reducir la inflamación en tales casos [s90]. También en la vejez, una dieta equilibrada es importante para prevenir el deterioro cognitivo. Dietas como la mediterránea, nórdica, DASH y la dieta MIND se asocian con un menor riesgo de deterioro cognitivo y demencia [s91]. Estas dietas enfatizan el consumo de frutas, verduras, granos enteros, pescado y grasas saludables. En resumen, un suministro adecuado de nutrientes en cada etapa de la vida es esencial para la salud y función del cerebro. Una dieta rica en los macro y micronutrientes necesarios puede apoyar el desarrollo cognitivo, el rendimiento y la regeneración, y reducir el riesgo de enfermedades neurológicas.

Bueno saber

Función sináptica

Se refiere a la comunicación entre las células nerviosas en las sinapsis. Los nutrientes juegan un papel importante en el mantenimiento de una función sináptica saludable, que es esencial para el aprendizaje y la memoria.

Dieta MIND

Una combinación de la dieta mediterránea y la dieta DASH, diseñada específicamente para promover la salud cerebral y reducir el riesgo de demencia.

Metabolitos

Intermediarios del metabolismo que se producen durante reacciones químicas en el cuerpo. Los astrocitos juegan un papel en la distribución de metabolitos en el cerebro.

Nutrientes Esenciales para el Cerebro

Nutrientes clave para una función cerebral óptima.

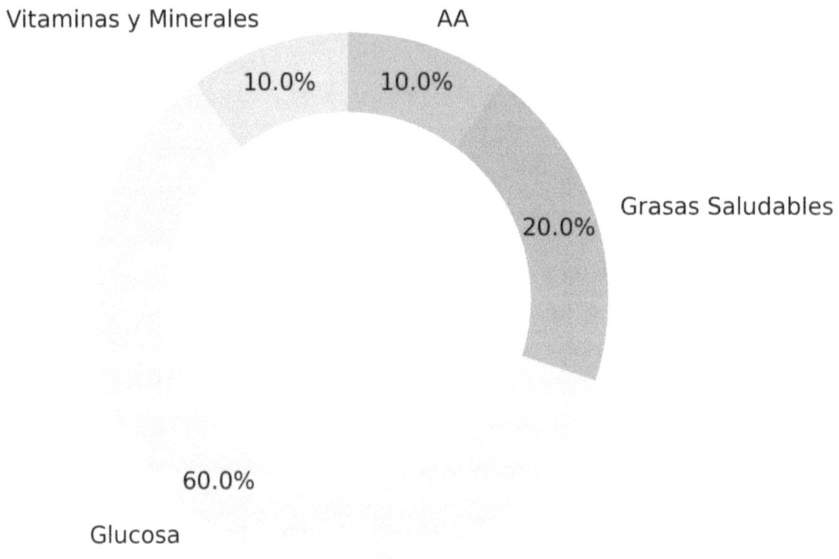

AA: Aminoácidos (Neurotransmisores)

Grasas Saludables: Grasas Saludables (Estructura)

Glucosa: Glucosa (Energía)

Vitaminas y Minerales: Vitaminas y Minerales (Protección)

Este gráfico destaca la importancia relativa de varios nutrientes para la salud cerebral. Una ingesta equilibrada de estas categorías es crucial para apoyar la función cognitiva, la producción de neurotransmisores y el bienestar general del cerebro. Si bien la glucosa proporciona la principal fuente de energía, otros nutrientes desempeñan funciones vitales en la protección contra el estrés oxidativo, el mantenimiento de la integridad de la membrana celular y la facilitación de la comunicación entre las neuronas. Priorizar una dieta rica en estos nutrientes esenciales puede contribuir a la salud cerebral a largo plazo y a la resistencia cognitiva.

Estrategias nutricionales

Las estrategias nutricionales no solo se centran en el suministro de nutrientes, sino que también consideran las complejas interacciones entre la alimentación, la salud intestinal y la función cerebral. La composición de la flora intestinal (microbioma) influye en la actividad cerebral y el comportamiento [s92]. Una dieta rica en fibra apoya el crecimiento de bacterias intestinales beneficiosas que producen ácidos grasos de cadena corta (AGCC). Estos AGCC tienen un efecto neuroprotector y contribuyen a la estabilidad de la barrera hematoencefálica [s92]. Además de la fibra, los probióticos también pueden influir positivamente en la salud intestinal y, por lo tanto, promover indirectamente la función cerebral [s93]. En lugar de centrarse en nutrientes individuales, se recomienda un enfoque holístico ("enfoque de dieta completa") que considere la alimentación en su totalidad [s93]. Además de la nutrición, el ejercicio y la interacción social son factores importantes para mantener y mejorar las habilidades cognitivas [s93]. Las señales hormonales del tracto gastrointestinal, como la leptina y la grelina, influyen en el rendimiento cognitivo y el bienestar emocional [s94]. La combinación de nutrición y ejercicio refuerza los efectos sobre la synaptische_plastizitaet y las funciones cognitivas [s94]. La reducción de calorías puede, al disminuir el estrés oxidativo, mejorar también la plasticidad sináptica y el rendimiento cognitivo [s94]. Los cambios a largo plazo en las habilidades cognitivas pueden ser inducidos por influencias epigenéticas de la alimentación [s94]. Los ácidos grasos omega-3, especialmente el DHA, son importantes para la regeneración de circuitos neuronales y pueden mitigar las consecuencias negativas de las lesiones cerebrales [s95]. Una estrategia nutricional con ácidos grasos omega-3 y curcumina puede promover las funciones neuronales y la plasticidad del cerebro [s95]. También en la vejez, se recomienda una dieta rica en antioxidantes, polifenoles y sustancias

antiinflamatorias para prevenir deterioros cognitivos relacionados con la edad y enfermedades neurodegenerativas [s96]. Quien desee mejorar su estado de ánimo puede lograrlo a través de la psicoterapia o la autoinfluencia, lo que aumenta la síntesis de serotonina [s97].

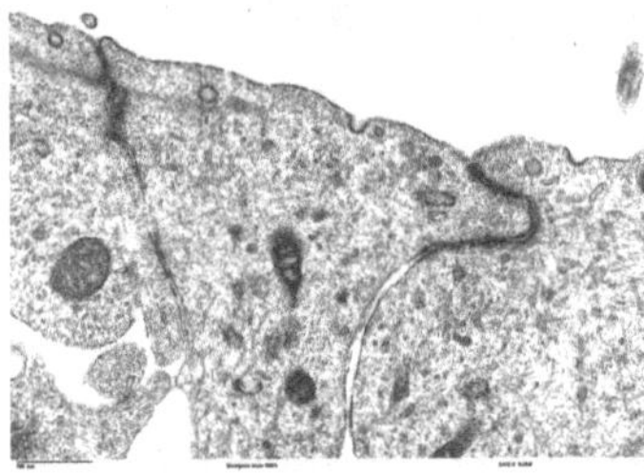

barrera hematoencefálica [i28]

Bueno saber

Barrera hematoencefálica

Una barrera selectiva entre el torrente sanguíneo y el cerebro que regula el transporte de sustancias dentro y fuera del cerebro y protege al cerebro de sustancias nocivas.

Microbioma

La totalidad de todos los microorganismos que habitan un hábitat específico, como el intestino. El microbioma juega un papel importante en la absorción y utilización de nutrientes y puede influir en la función cerebral.

Polifenoles

Compuestos vegetales secundarios con propiedades antioxidantes que se encuentran en muchas frutas y verduras. Pueden proteger y mejorar la función cerebral.

Serotonina

Un neurotransmisor que juega un papel importante en la regulación del estado de ánimo, el sueño, el apetito y otras funciones. Un aumento en la síntesis de serotonina puede mejorar el estado de ánimo.

Eficacia de las estrategias nutricionales

Influencia de la nutrición en el rendimiento cerebral

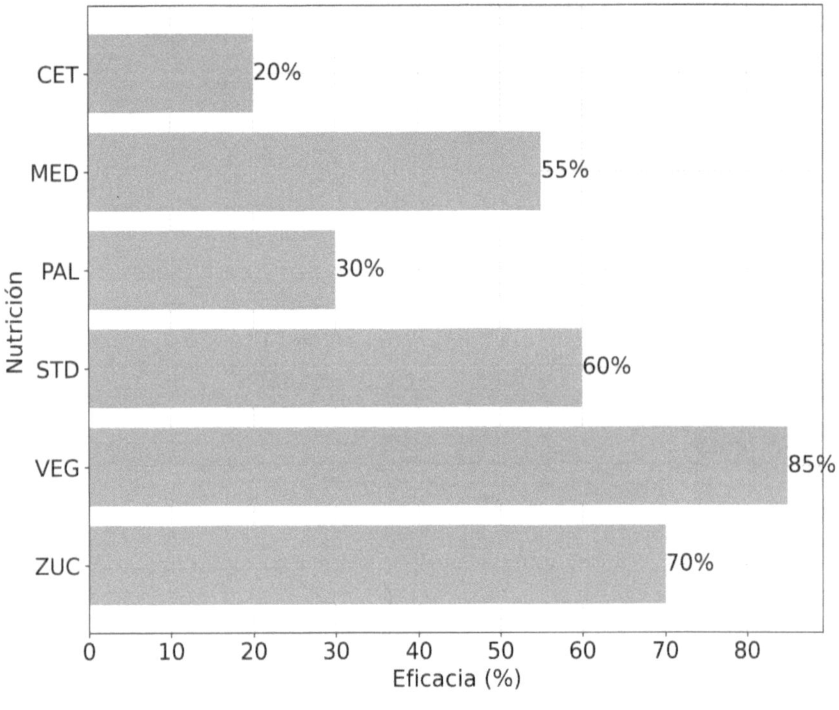

CET: Cetogénica

MED: Mediterránea

PAL: Paleo

STD: Estándar estadounidense

VEG: Vegetariana

ZUC: Alta en azúcar

La dieta mediterránea muestra la mayor eficacia para la función cognitiva, seguida de la dieta cetogénica. La dieta estándar estadounidense y una dieta alta en azúcar muestran el menor efecto positivo en el rendimiento cerebral.

Suplementos nutricionales

Los suplementos nutricionales pueden ser una adición valiosa a la dieta para asegurar la ingesta de nutrientes específicos que son relevantes para la función cerebral. En particular, las vitaminas B son destacadas, ya que actúan como coenzimas en procesos metabólicos centrales del cerebro, como la producción de energía y la síntesis de neurotransmisores [s98]. Aunque la investigación se ha centrado principalmente en la vitamina B6, B9 (ácido fólico) y B12, se sugiere que todo el complejo de vitaminas B, debido a mecanismos de acción sinérgicos, podría tener un efecto positivo más amplio en la función cerebral [s98]. Estudios epidemiológicos sugieren que una mayor ingesta de vitaminas B se correlaciona con una cognición optimizada y un riesgo reducido de demencia [s98]. La dosis óptima que proporciona beneficios para la salud podría estar por encima de las recomendaciones habituales [s98]. Los suplementos multivitamínicos que contienen todas las vitaminas B han mostrado efectos positivos en el rendimiento cognitivo en algunos estudios [s98]. Además de las vitaminas B, los ácidos grasos omega-3, en particular el ácido docosahexaenoico (DHA), son importantes para la regeneración neuronal y pueden mitigar los efectos de las lesiones cerebrales [s99]. Se recomienda una dosis diaria de 3 g de ácidos grasos omega-3, de los cuales los suplementos pueden contribuir hasta 2 g [s99]. Es importante tener en cuenta que la disponibilidad de ciertos nutrientes puede influir en los procesos cognitivos y las emociones [s100]. Un plan de alimentación equilibrado, rico en fuentes naturales de nutrientes, siempre constituye la base para una función cerebral saludable. Los suplementos nutricionales deben utilizarse de manera específica, en consulta con un médico o nutricionista, para compensar deficiencias individuales de nutrientes y optimizar la dieta, por ejemplo, mediante un suplemento multivitamínico con vitaminas B o una suplementación específica con ácidos grasos omega-3.

Regeneración neuronal [i29]

Ácido docosahexaenoico

El ácido docosahexaenoico (DHA) es un ácido graso omega-3 que es especialmente importante para el desarrollo y la función del cerebro. Es un componente clave de las membranas celulares de las neuronas y contribuye a la transmisión de señales en el cerebro.

Coenzima

Las coenzimas son moléculas que apoyan la actividad de las enzimas. Las enzimas son proteínas que aceleran las reacciones bioquímicas en el cuerpo. En el cerebro, las coenzimas están involucradas en varios procesos metabólicos que son importantes para la función de las células nerviosas.

Regeneración neuronal

La regeneración neuronal se refiere a la capacidad del sistema nervioso para repararse a sí mismo y formar nuevas células nerviosas. Los ácidos grasos omega-3 pueden apoyar la regeneración neuronal y mitigar los efectos de las lesiones cerebrales.

Síntesis de neurotransmisores

La síntesis de neurotransmisores es el proceso mediante el cual se forman neurotransmisores en el cerebro. Los neurotransmisores son mensajeros químicos que transmiten señales entre las células nerviosas. Una ingesta adecuada de nutrientes es esencial para la síntesis de neurotransmisores.

Efectos de los suplementos para la mejora cognitiva

Impacto relativo en las funciones cognitivas

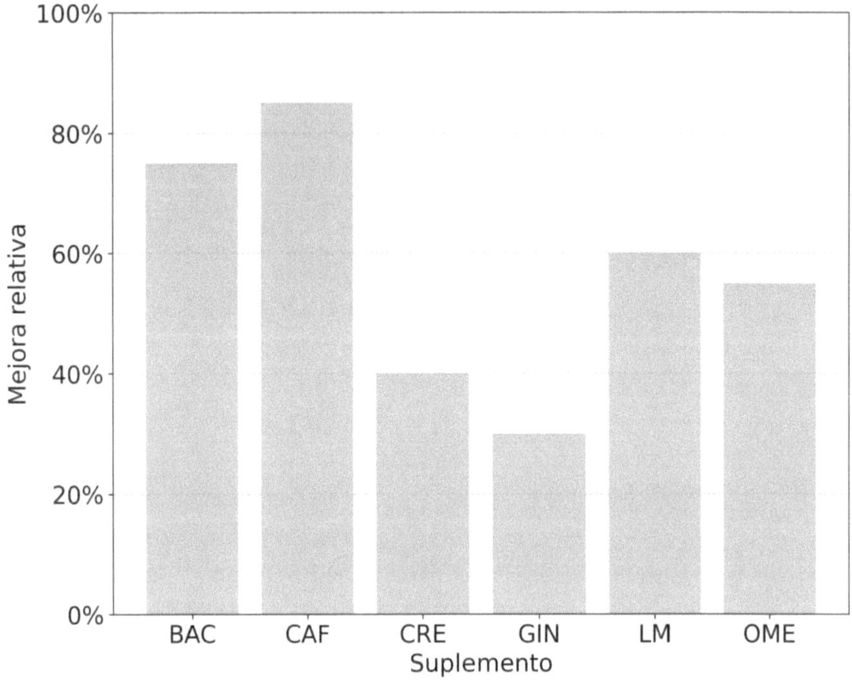

BAC: Bacopa Monnieri
CAF: Cafeína
CRE: Creatina
GIN: Ginkgo Biloba
LM: Melena de León
OME: Omega-3

Esta gráfica ilustra el impacto variado de diferentes suplementos nootrópicos en funciones cognitivas específicas. Mientras que algunos, como Bacopa Monnieri, demuestran mejoras notables en la consolidación de la memoria, otros como Melena de León influyen principalmente en el factor de crecimiento nervioso. La cafeína muestra un impacto significativo en el estado de alerta, pero menos en otras funciones. Esto destaca la importancia de seleccionar suplementos en función de las necesidades y objetivos cognitivos individuales. Es fundamental recordar que estas son comparaciones relativas y las respuestas individuales pueden variar.

Consejos concretos

- La nutrición óptima del cerebro va más allá de la simple provisión de nutrientes esenciales y requiere una comprensión de las complejas interacciones entre la alimentación, la salud intestinal, el metabolismo y la función neuronal.
- La investigación futura debería explorar la optimización nutricional individualizada, basada en perfiles genéticos y metabólicos, para desarrollar estrategias preventivas y terapéuticas.
- El estudio del eje intestino-cerebro, en particular la influencia del microbioma en los procesos cognitivos y las enfermedades neurodegenerativas, ofrece perspectivas prometedoras.
- El desarrollo de conceptos nutricionales innovadores que consideren, además de macronutrientes y micronutrientes, componentes prebióticos y probióticos podría promover de manera sostenible la salud cerebral.
- La modulación del metabolismo a través de dietas cetogénicas o el ayuno intermitente podría abrir nuevos enfoques terapéuticos para enfermedades neurológicas.
- La investigación de las influencias epigenéticas de la alimentación sobre la expresión génica en el cerebro podría ampliar nuestra comprensión de la plasticidad neuronal y los procesos de envejecimiento.
- El desarrollo de métodos no invasivos para medir la provisión de nutrientes al cerebro en tiempo real podría mejorar el diagnóstico y tratamiento de enfermedades neurológicas.

Revisión - 3. Medicina y salud cerebral

El capítulo "Medicina cerebral y salud" ilumina de manera impactante las múltiples facetas de la conservación y restauración de las funciones neuronales. Desde la prevención hasta la rehabilitación y la optimización del rendimiento cerebral, queda claro cuán estrechamente están vinculadas la salud y la capacidad del cerebro con decisiones individuales y condiciones sociales. Los hallazgos presentados subrayan la importancia de un enfoque holístico que considere factores biológicos, psicológicos y sociales. Es especialmente destacable la plasticidad del cerebro, que ofrece la posibilidad de adaptación y regeneración a lo largo de toda la vida, constituyendo así la base para medidas de prevención y rehabilitación.

Los métodos descritos en el capítulo ofrecen valiosos puntos de referencia para la implementación práctica. Así, al integrar ejercicio regular, una dieta equilibrada y un sueño adecuado, puede contribuir activamente a su salud cerebral. Sin embargo, la implementación de estas recomendaciones requiere una conciencia de las barreras individuales y el desarrollo de estrategias personales. La falta de tiempo, la falta de motivación o enfermedades preexistentes pueden dificultar la implementación. Aquí, la consulta con expertos, como médicos, terapeutas o nutricionistas, puede ser útil para desarrollar soluciones individuales y fortalecer la motivación. La integración de nuevas tecnologías, como la realidad virtual o las interfaces cerebro-computadora, en las medidas de rehabilitación abre perspectivas prometedoras para la terapia personalizada y el aumento de la motivación del paciente. Al mismo tiempo, deben cuestionarse críticamente las implicaciones éticas y sociales de estas tecnologías.

Los desafíos no solo radican en la implementación individual de medidas de prevención y rehabilitación, sino también en el desarrollo de nuevas terapias basadas en evidencia. La investigación sobre la neuroplasticidad, los procesos metabólicos en el cerebro y el efecto de los nutrientes ofrece importantes puntos de partida. La creciente individualización de la medicina requiere el desarrollo de procedimientos diagnósticos que consideren las necesidades individuales de los pacientes. La creación de equipos de tratamiento interdisciplinarios que unan la experiencia de diferentes campos es esencial para garantizar una atención integral y personalizada. La evaluación y optimización continua de las terapias existentes, basada en hallazgos científicos, son imprescindibles para mejorar constantemente la calidad de la atención.

En conclusión, se puede afirmar que la salud cerebral es una entidad compleja y dinámica, influenciada por la interacción de diversos factores. Los hallazgos presentados en el capítulo ofrecen una base sólida para comprender estas interrelaciones y proporcionan valiosos impulsos para la implementación práctica. La investigación futura debería centrarse en la elucidación adicional de los mecanismos que subyacen a la plasticidad y regeneración del cerebro, con el fin de desarrollar enfoques terapéuticos innovadores y personalizados que mejoren la calidad de vida de las personas con enfermedades neurológicas. En este contexto, es importante reflexionar críticamente sobre las implicaciones éticas y sociales del progreso médico y garantizar un manejo responsable de las nuevas tecnologías y procedimientos terapéuticos.

4. Mente y emociones

¿Cómo se generan nuestros sentimientos y pensamientos que nos acompañan a diario en la vida? El cerebro humano procesa constantemente una avalancha de impresiones sensoriales y las transforma en experiencias conscientes. Cada cerebro desarrolla su propia manera de percibir el mundo y evaluarlo emocionalmente. Estas diferencias individuales moldean nuestra personalidad y determinan cómo nos relacionamos con los demás. Los fascinantes mecanismos detrás de estos procesos arrojan una nueva luz sobre la pregunta de qué nos define como seres humanos.

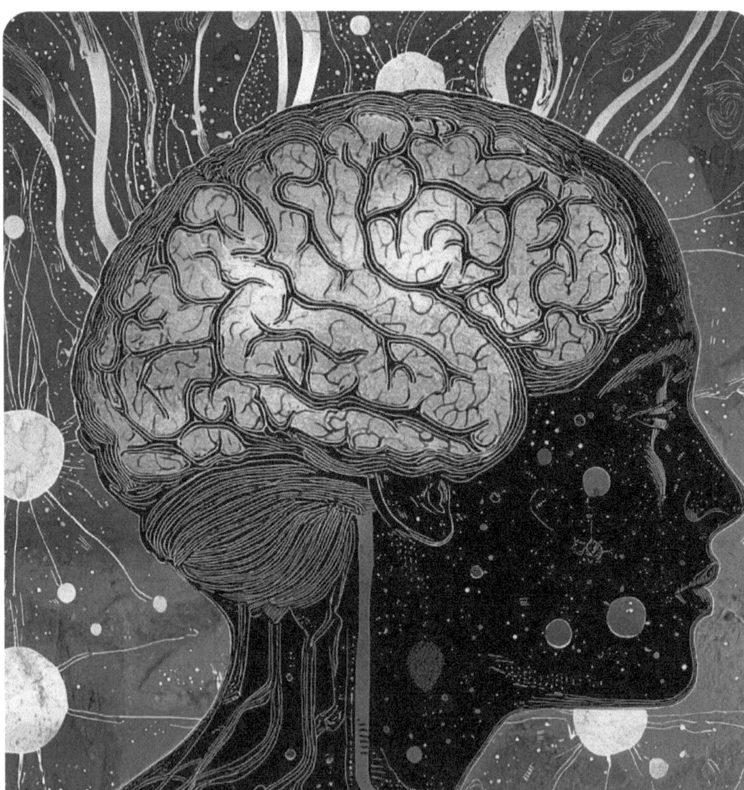

4. 1 Inteligencia emocional

La inteligencia emocional (IE) influye en nuestro pensamiento, acciones e interacciones sociales. Incluye habilidades como la autoconciencia, la regulación emocional y la interpretación de señales sociales. Sus bases neuronales y procesos de desarrollo son cruciales para nuestro bienestar y éxito; sin embargo, las desregulaciones pueden llevar a problemas como la aislamiento social o la toma de decisiones afectada. La investigación de la IE revela complejas interrelaciones entre las funciones cerebrales, los procesos emocionales y la competencia social. Destaca cómo las estructuras neuronales en la corteza prefrontal afectan nuestra capacidad para entender y regular emociones. Estos hallazgos son esenciales para el desarrollo de estrategias que mejoren el bienestar emocional. Comprenda los fascinantes mecanismos de la IE y descubra cómo puede fortalecer su competencia emocional.

La inteligencia emocional se desarrolla a través de la reflexión sobre nuestras propias emociones y su influencia en nuestras acciones e interacciones sociales, lo que conduce a un bienestar mejorado.

Autopercepción

La autopercepción describe la capacidad de reconocer y comprender las propias emociones, pensamientos y comportamientos. Esta habilidad no es estática, sino que se desarrolla a lo largo de la vida, influenciada por la maduración neuronal y las experiencias sociales [s101]. Así, los adolescentes, cuyos sistemas de control prefrontal aún no están completamente desarrollados, muestran en comparación con los adultos una mayor reactividad emocional [s101]. Esta sensibilidad aumentada a la información emocional puede dificultar la autoregulación y el control de impulsos. Una autopercepción desarrollada permite reflexionar sobre el impacto de las propias emociones en decisiones y acciones. La percepción consciente de emociones como el miedo o la ira puede prevenir reacciones impulsivas y mejorar la interacción con los demás. El entrenamiento en atención plena puede fomentar la autopercepción al dirigir la atención hacia la propia experiencia, mejorando así la comprensión de las propias vivencias emocionales [s102]. Los estudios muestran que el entrenamiento en atención plena provoca cambios estructurales en el cerebro, especialmente en el córtex cingulado posterior, una región involucrada en el procesamiento de información autocentrada [s102]. También la unión temporoparietal, importante para la autopercepción y la cognición social, se modifica a través del entrenamiento en atención plena [s102]. La autopercepción también influye en cómo interpretamos las situaciones sociales. La soledad, por ejemplo, un estado afectivo complejo, a menudo se asocia con un procesamiento emocional desregulado [s103]. Las personas solitarias tienden a percibir amenazas sociales de manera más intensa e interpretar las expresiones emocionales de forma negativa [s103]. Esta percepción distorsionada puede llevar a un círculo vicioso que refuerza el aislamiento social y afecta aún más el bienestar. Estudios neuroanatómicos muestran que en personas solitarias el volumen en regiones cerebrales responsables de procesos emocionales y percepción social, como el córtex prefrontal y la amygdala, está reducido [s103].

El tratamiento específico de cogniciones sociales maladaptativas a través de intervenciones terapéuticas puede ayudar a romper este ciclo y aumentar el bienestar emocional [s103]. La capacidad de reflexionar y comprender las propias reacciones emocionales en situaciones sociales es un paso importante para reconocer y cambiar patrones de pensamiento negativos. La inteligencia emocional (IE) se basa en la autopercepción e incluye la capacidad de procesar información emocional y aplicarla en el pensamiento y la acción [s104]. Se puede dividir en dos competencias principales: IE estratégica e IE experimental [s104]. La IE estratégica se refiere a la comprensión y gestión de las emociones, mientras que la IE experimental describe la percepción e integración de las emociones en los procesos de pensamiento [s104]. Estudios neurológicos muestran que estas dos competencias se basan en diferentes estructuras neuronales en el córtex prefrontal [s104]. Lesiones en el córtex prefrontal ventromedial (vmPFC) afectan la IE estratégica, mientras que las lesiones en el córtex prefrontal dorsolateral (dlPFC) influyen en la IE experimental [s104]. Estos hallazgos subrayan que la IE debe considerarse independientemente de la inteligencia cognitiva y se basa en fundamentos neuronales específicos. Al reflexionar conscientemente sobre nuestras emociones y su impacto en el comportamiento, podemos mejorar nuestra inteligencia emocional y, por ende, influir positivamente en nuestras interacciones sociales y nuestro bienestar general.

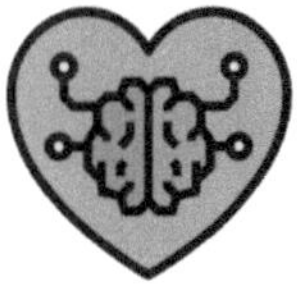

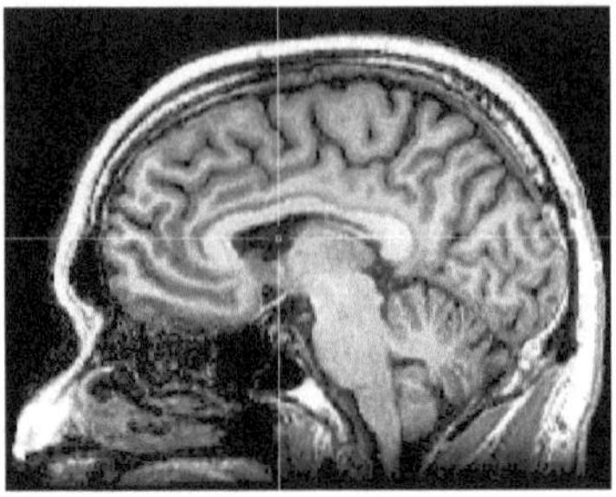

Corteza cingulada posterior [i30]

Córtex cingulado posterior

Región del cerebro involucrada en el procesamiento de información autocentrada, la memoria de experiencias personales y la orientación en el espacio. El entrenamiento en atención plena puede influir en la estructura y función de esta región.

Córtex prefrontal

Parte frontal del cerebro que desempeña un papel crucial en funciones cognitivas complejas como la planificación, la toma de decisiones, la memoria de trabajo y el comportamiento social. También está involucrado en la regulación de las emociones.

Entrenamiento en atención plena

Ejercicios para la percepción consciente de pensamientos, sentimientos y sensaciones corporales en el momento presente. Puede mejorar la autopercepción y la regulación emocional, afectando regiones cerebrales como el córtex cingulado posterior.

Unión temporoparietal

Área del cerebro donde se encuentran el lóbulo temporal y el lóbulo parietal. Esta región juega un papel importante en la autopercepción, la cognición social y la comprensión de los estados mentales de los demás.

Autopercepción en la Inteligencia Emocional

Distribución de los componentes de la autopercepción relacionados con la inteligencia emocional.

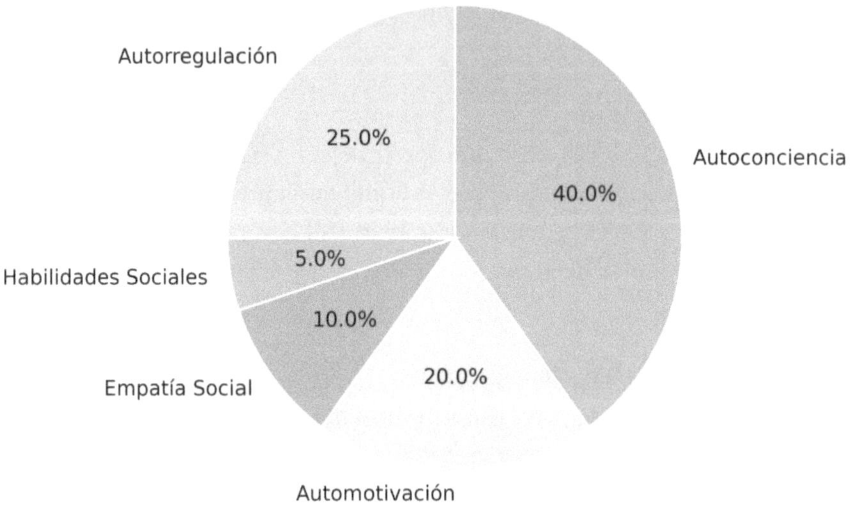

AMO: Automotivación

AUT: Autoconciencia

HAB: Habilidades Sociales

ARE: Autorregulación

EMP: Empatía Social

Este gráfico destaca la naturaleza interconectada de la autopercepción en la inteligencia emocional. Un fuerte sentido de autoconciencia forma la base, lo que permite una autoevaluación precisa y una autoexpresión eficaz. Si bien la autoconciencia es crucial, es la integración con la autoevaluación y la autoexpresión lo que permite una inteligencia emocional impactante. Un área potencial de enfoque para el desarrollo podría ser la autoexpresión, lo que sugiere que incluso con una fuerte autoconciencia y autoevaluación, comunicar eficazmente el estado emocional y las necesidades propias requiere un esfuerzo dedicado.

Regulación emocional

La regulación emocional, la capacidad de influir y controlar las emociones, está estrechamente relacionada con la inteligencia emocional y los procesos neuronales. Afecta no solo nuestro bienestar psicológico, sino también nuestras habilidades cognitivas y nuestro comportamiento. Por ejemplo, la falta de sueño impacta negativamente en la reactividad emocional y la capacidad de regulación, lo que puede llevar a un bienestar emocional disminuido [s105]. Inversamente, una regulación emocional adaptativa, como la aproximación y el enfrentamiento a las emociones, puede mitigar los efectos negativos del estrés emocional sobre el sueño [s105]. El sueño REM modula las emociones y procesa experiencias emocionales, lo que resulta en una mejora del estado de ánimo tras el sueño [s105]. Además del sueño, la atención plena juega un papel importante en la regulación emocional. A través de la percepción consciente y no crítica de las experiencias presentes, la atención plena ofrece estrategias para lidiar con cargas psicológicas como la rumiación, la ansiedad o la ira [s106]. La atención plena fomenta la conciencia metacognitiva, la aceptación de las emociones y mejora el control de la atención [s106]. Estas habilidades apoyan la

autorregulación emocional y pueden reducir el riesgo de trastornos psicológicos [s106]. Las bases neuronales de la regulación emocional son complejas e incluyen diferentes circuitos para procesos de decisión emocionales ("calientes") y cognitivos ("fríos") [s107]. Comprender estos procesos y aplicar estrategias como la atención plena y el manejo adaptativo de las emociones puede fortalecer la competencia emocional y contribuir a un mejor bienestar psicológico. Por ejemplo, quien se da cuenta de que duerme mal por la noche y se irrita emocionalmente durante el día podría integrar ejercicios de atención plena en su rutina diaria para mejorar su regulación emocional y fomentar el sueño.

Metacognición [i31]

Bueno saber

Atención plena

La atención plena en el contexto de las neurociencias se refiere a la capacidad de dirigir la atención conscientemente al momento presente, sin juzgar. El entrenamiento en atención plena puede fortalecer las redes neuronales que son importantes para la regulación emocional, el control de la atención y la autopercepción. Los estudios muestran que las prácticas de atención plena pueden reducir la actividad en la amígdala, una región del cerebro involucrada en el procesamiento de emociones, y aumentar la actividad en la corteza prefrontal, que es responsable de la regulación emocional.

Metacognición

La metacognición describe la capacidad de reflexionar sobre los propios procesos de pensamiento y de controlarlos. En el contexto de la regulación emocional, la metacognición implica entender y afectar conscientemente las propias emociones, sus causas y efectos. Las estrategias metacognitivas pueden incluir, por ejemplo, reconocer y cambiar patrones de pensamiento negativos o desviar la atención de estímulos emocionalmente estresantes.

Desarrollo de la Regulación Emocional

Mejora hipotética en la regulación emocional a lo largo del tiempo con la intervención.

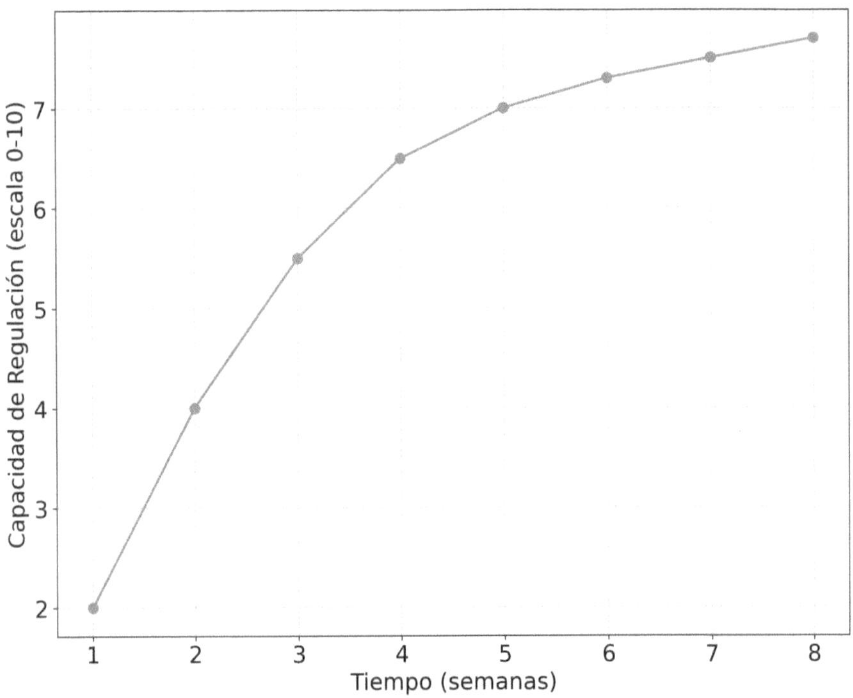

El gráfico muestra una tendencia general ascendente que sugiere una mejora en las habilidades de regulación emocional. El progreso inicial es rápido, seguido de un período de crecimiento más lento, lo que indica una posible estabilización. Es posible que se necesiten esfuerzos continuos y estrategias refinadas para mantener el progreso y lograr una mayor mejora.

Competencia social

La competencia social describe la capacidad de interactuar de manera efectiva y exitosa con otras personas. Se basa en diversos procesos cognitivos y emocionales, incluyendo la percepción e interpretación de señales sociales, toma de perspectiva y la regulación del propio comportamiento en contextos sociales. La conciencia emocional, la capacidad de percibir y nombrar con precisión las propias emociones, es esencial para las interacciones sociales. Permite reflexionar sobre las propias reacciones emocionales en situaciones sociales y así evitar malentendidos y conflictos [s108]. El desarrollo de esta habilidad se produce de manera gradual, desde sensaciones corporales simples hasta complejos estados emocionales mixtos. Ejercicios de achtsamkeit, en los que se concentra en las sensaciones corporales y reacciones emocionales, pueden mejorar la conciencia emocional. La familia, especialmente los padres, tiene una influencia formativa en el desarrollo de la regulación emocional, un componente central de la competencia social [s109]. Los niños aprenden a manejar las emociones a través de la observación e interacción con sus padres. Un ambiente familiar de apoyo y aprecio, donde las emociones se expresan y regulan abiertamente, fomenta el desarrollo de estrategias saludables de regulación emocional en los niños. Los padres que ofrecen apoyo emocional y aceptan diversas formas de expresión de emociones contribuyen significativamente al desarrollo del conocimiento emocional y la capacidad de regulación de sus hijos. Concretamente, los padres pueden enseñar a sus hijos a nombrar emociones, hablar sobre sus causas y efectos, y desarrollar estrategias constructivas para la regulación emocional, por ejemplo, a través de ejercicios de respiración o escribiendo sobre sus sentimientos. La calidad de la relación entre padres e hijos tiene un impacto duradero en el desarrollo emocional y el bienestar psicológico de los niños y adolescentes. La empatía, la capacidad de entender y sentir las emociones y pensamientos de otras personas, es otro aspecto importante de la competencia social [s110]. Permite ponerse en el lugar de los demás, adoptar su perspectiva y responder adecuadamente a sus necesidades. La empatía es una base importante para comportamiento prosocial, es decir, para acciones que benefician a otras personas. Estudios neurológicos muestran que ciertas áreas del cerebro, como el córtex prefrontal ventrolateral y la ínsula, juegan un papel importante en la empatía. Lesiones en estas áreas pueden afectar la capacidad de

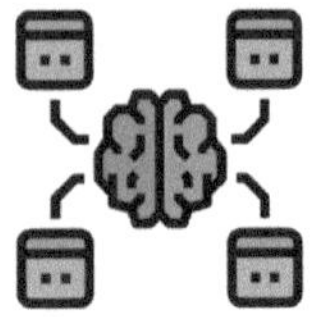

empatía y llevar a dificultades en las relaciones sociales. Comprender las emociones de los demás y su impacto en su comportamiento está estrechamente relacionado con la *theory_of_mind*. Esta habilidad de reconocer y entender los estados mentales de los demás también es de gran importancia para las interacciones sociales. Permite inferir las intenciones, motivos y creencias de los demás y ajustar el propio comportamiento en consecuencia. El desarrollo de la competencia social es un proceso dinámico que se extiende a lo largo de toda la vida. Está influenciado por factores genéticos, experiencias en la primera infancia, procesos de aprendizaje social e influencias culturales. Una alta competencia social se asocia con diversos resultados positivos, incluyendo mejor salud mental, mayor calidad de las relaciones, resolución social de problemas más efectiva y mayor éxito profesional. A través de la promoción específica de competencias sociales, por ejemplo, mediante programas de entrenamiento o intervenciones terapéuticas, se puede mejorar el bienestar individual y la integración social. Por ejemplo, los juegos de rol, en los que se simulan diversas situaciones sociales, pueden ayudar a mejorar la toma de perspectiva y la comprensión de señales sociales. La reflexión sobre las propias reacciones emocionales y comportamientos en situaciones sociales es un paso importante para el desarrollo de la competencia social.

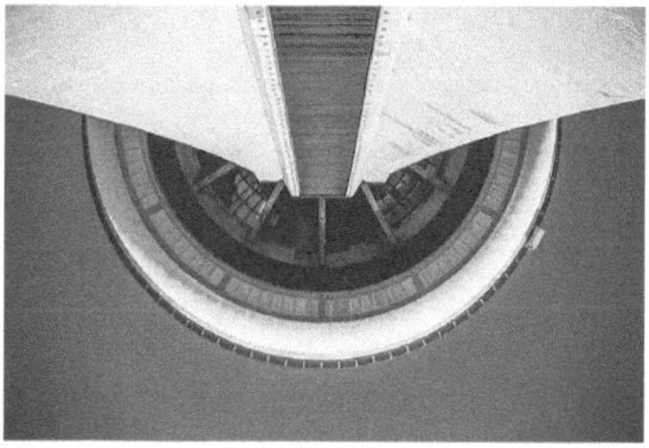

toma de perspectiva [i32]

Atención plena [i33]

Comportamiento prosocial

El comportamiento prosocial se refiere a acciones que benefician a otras personas, como ayudar, compartir o consolar. Se fomenta a través de la empatía y la capacidad de toma de perspectiva, y contribuye a relaciones sociales positivas.

Córtex prefrontal ventrolateral

El córtex prefrontal ventrolateral es una región del cerebro involucrada en la regulación emocional, la toma de decisiones y el comportamiento social. Juega un papel importante en el control de impulsos y la adaptación del comportamiento a las normas sociales.

Procesos cognitivos

Los procesos cognitivos son procesos mentales que nos permiten recibir, procesar y almacenar información. En relación con la competencia social, incluyen entre otros la percepción, la atención, la memoria y la toma de decisiones.

Toma de perspectiva

La toma de perspectiva es la capacidad de ver el mundo desde el punto de vista de otra persona. Es crucial para la empatía y la competencia social, ya que nos permite entender los pensamientos, sentimientos y motivos de los demás y ajustar nuestro comportamiento en consecuencia.

Competencia Social e Inteligencia Emocional

Correlación entre la competencia social, la inteligencia emocional y la empatía en diferentes regiones del cerebro.

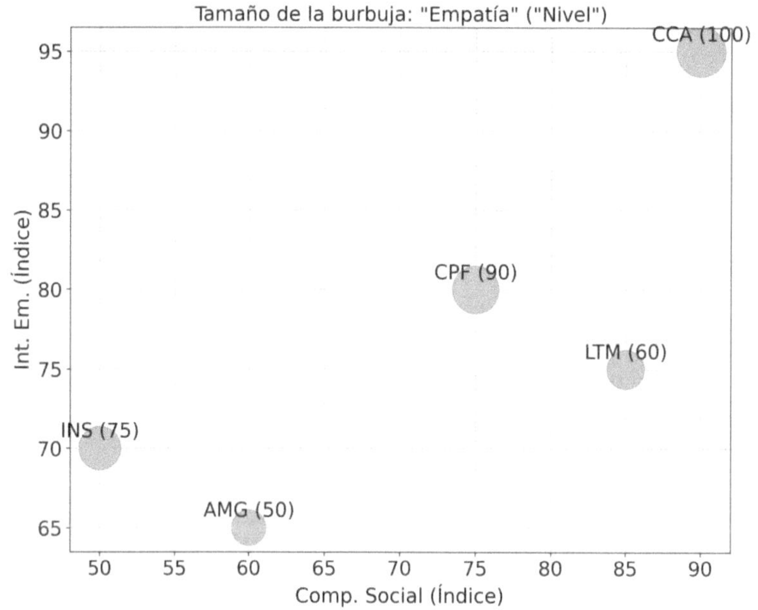

Blasengröße: Empatía (Nivel)

AMG: Amígdala

CCA: Corteza Cingulada Anterior

CPF: Corteza Prefrontal

INS: Ínsula

LTM: Lóbulo Temporal Medial

El gráfico sugiere una correlación positiva entre la competencia social y la inteligencia emocional, particularmente en áreas asociadas con la empatía y la cognición social. Las burbujas más grandes indican niveles más altos de empatía, lo que sugiere su papel crucial tanto en la inteligencia social como en la emocional. Si bien algunas personas exhiben una alta competencia social con una inteligencia emocional moderada, la alta inteligencia emocional parece estar constantemente relacionada con fuertes habilidades sociales. Esto refuerza la importancia de la regulación emocional y la comprensión para navegar eficazmente las situaciones sociales.

4. 2 Cerebro optimista

Las estructuras de pensamiento positivas influyen de manera significativa en nuestro bienestar emocional y en nuestra capacidad para manejar el estrés. La interpretación de los eventos moldea nuestra percepción y expectativas futuras. Un estilo de pensamiento optimista, que espera resultados positivos, puede reducir la ansiedad y fortalecer la resiliencia. Estas interrelaciones se reflejan en la actividad de regiones específicas del cerebro, como la corteza orbitofrontal. Las experiencias negativas pueden llevar a patrones de pensamiento pesimistas, pero la plasticidad neuronal nos permite cambiarlos activamente. La influencia del optimismo en nuestra resistencia al estrés y motivación también es un aspecto importante. Descubra cómo funciona el cerebro optimista y cómo puede desarrollar su potencial mental.

La capacidad del cerebro para cambiar (plasticidad neuronal) permite, a través de intervenciones específicas como la terapia cognitiva, la meditación y la atención plena, desarrollar y fortalecer estructuras de pensamiento optimistas, lo que conduce a un mayor bienestar y resistencia al estrés.

Estructuras de pensamiento positivo

Las estructuras de pensamiento positivo influyen de manera significativa en nuestro bienestar emocional y nuestra capacidad para manejar el estrés. La forma en que interpretamos y respondemos a los eventos moldea nuestra percepción del mundo y nuestras expectativas futuras. Un estilo de pensamiento optimista, que espera resultados positivos [s111], puede reducir la ansiedad y fortalecer la resilienz. Esta relación también se puede demostrar neurobiológicamente: estudios muestran que el optimismo se correlaciona con actividades específicas en el córtex orbitofrontal y su conexión con el córtex motor suplementario [s111]. Estas regiones cerebrales están involucradas en el procesamiento de autoevaluaciones y la regulación emocional, lo que subraya la influencia de las estructuras de pensamiento positivo en nuestra experiencia emocional. Las experiencias, desde la fase prenatal hasta la vejez, moldean los circuitos neuronales que controlan nuestro comportamiento social y emocional [s112]. Las experiencias negativas pueden llevar a patrones de pensamiento pesimistas, mientras que las experiencias positivas fomentan actitudes optimistas. La buena noticia es que la neuronale_plastizitaet, la capacidad del cerebro para cambiar y adaptarse, nos permite modificar activamente las estructuras de pensamiento negativas. Intervenciones como el ejercicio regular, la terapia cognitiva y la meditación pueden provocar cambios positivos en el cerebro y llevar a un prosozialem_verhalten y un mayor bienestar [s112]. La terapia cognitiva, por ejemplo, puede fortalecer la función del praefrontalen_kortex y al mismo tiempo inhibir la actividad de la amygdala, el "centro del miedo" en el cerebro [s112]. Esto conduce a una mejor regulación emocional y una respuesta más constructiva al estrés. Efectos similares también se han observado en prácticas de meditación que influyen en la actividad neuronal en áreas del cerebro asociadas con la empatía y el control emocional [s112]. La achtsamkeit, la percepción consciente y no crítica del momento presente, también ofrece un enfoque eficaz para cultivar estructuras de pensamiento positivo [s113]. Al aprender a observar nuestros pensamientos y emociones sin juzgarlos, reducimos la rumiación, la ansiedad y la ira. El entrenamiento en atención plena fortalece la regulación emocional y mejora la gestión del estrés [s113]. La autoafirmación, el enfoque consciente en aspectos positivos de uno mismo, activa

los sistemas de recompensa en el cerebro y fortalece la autoestima [s114]. Las autoafirmaciones orientadas al futuro, que se centran en estados futuros deseados, muestran un efecto especialmente fuerte [s114]. Así, la reflexión regular sobre fortalezas y objetivos personales puede aumentar la motivación y la apertura a cambios positivos. Las emociones positivas, como la alegría, la gratitud y el amor, también juegan un papel crucial en el desarrollo de estructuras de pensamiento positivo. Amplían nuestra percepción y nuestro repertorio de acciones, y fomentan la construcción de recursos psicológicos como la resiliencia y la conexión social [s115]. Las emociones positivas también actúan como un "antídoto" contra las emociones negativas y apoyan la gestión del estrés. La capacidad de generar emociones positivas incluso en situaciones desafiantes es clave para la resiliencia [s115]. Intervenciones como la atención plena y la meditación de amor benevolente pueden ayudar a cultivar emociones positivas y aliviar disfunciones emocionales [s115]. Un equilibrio entre emociones positivas y negativas, idealmente al menos 3:1, es crucial para un bienestar psicológico óptimo [s115].

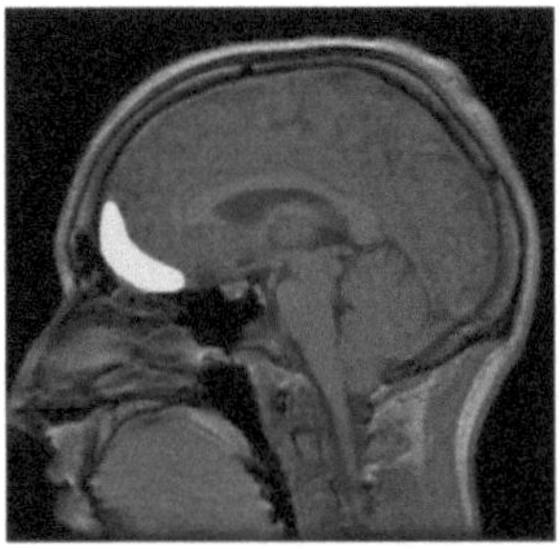

Corteza orbitofrontal [i34]

Bueno saber

Autoafirmación

La autoafirmación se refiere al proceso de afirmar y valorar aspectos positivos del yo. Los estudios en neurociencia sugieren que la autoafirmación puede aumentar la actividad en los centros de recompensa del cerebro y fortalecer la autoestima.

Córtex motor suplementario

El córtex motor suplementario está involucrado en la planificación y ejecución de movimientos complejos. También juega un papel en la preparación mental para los movimientos y la coordinación de secuencias de movimiento.

Córtex orbitofrontal

El córtex orbitofrontal juega un papel importante en la toma de decisiones, especialmente en relación con la recompensa y el castigo. Evalúa el valor de las opciones de acción y ayuda a controlar las reacciones impulsivas.

Meditación de amor benevolente

La meditación de amor benevolente es una forma de meditación que busca desarrollar sentimientos de amor, compasión y benevolencia hacia uno mismo y los demás. Los estudios muestran que esta práctica puede tener efectos positivos en el cerebro al aumentar la actividad en áreas asociadas con la empatía y las emociones positivas.

Distribución de patrones de pensamiento positivo

Distribución de patrones de pensamiento positivo en un cerebro optimista.

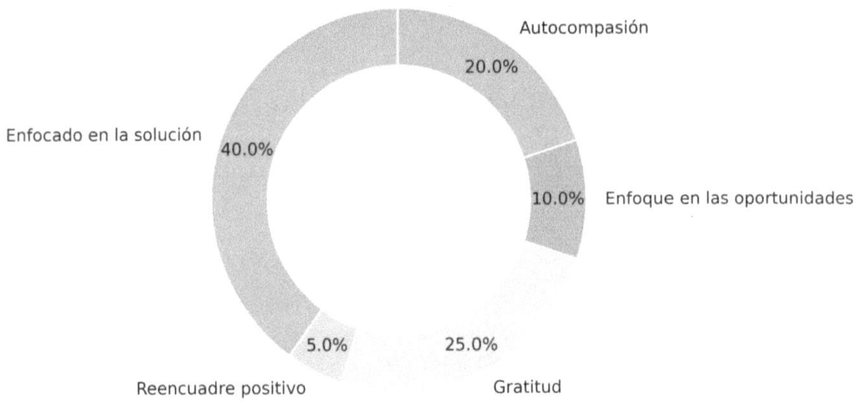

ACO: Autocompasión

ENS: Enfocado en la solución

REP: Reencuadre positivo

ENO: Enfoque en las oportunidades

GRA: Gratitud

La visualización destaca el predominio del pensamiento centrado en la solución, lo que sugiere un enfoque proactivo hacia los desafíos. Si bien la gratitud y la autocompasión contribuyen significativamente, el enfoque en las oportunidades y el reencuadre positivo juegan un papel menor, aunque importante, en el mantenimiento de una mentalidad optimista. Esta distribución indica un enfoque equilibrado del pensamiento positivo, con un fuerte énfasis en la búsqueda activa de soluciones.

Resistencia al estrés

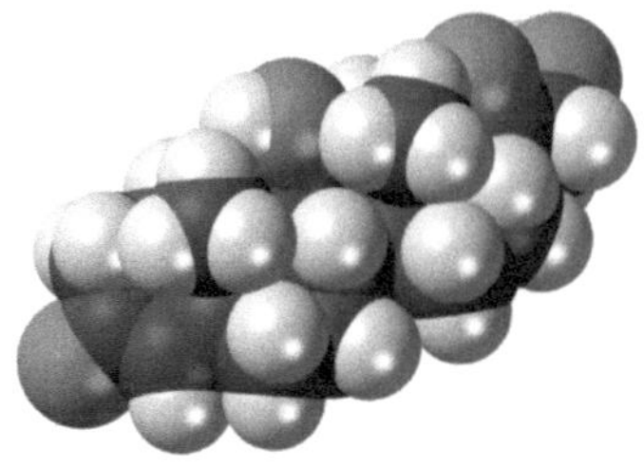

Cortisol [i35]

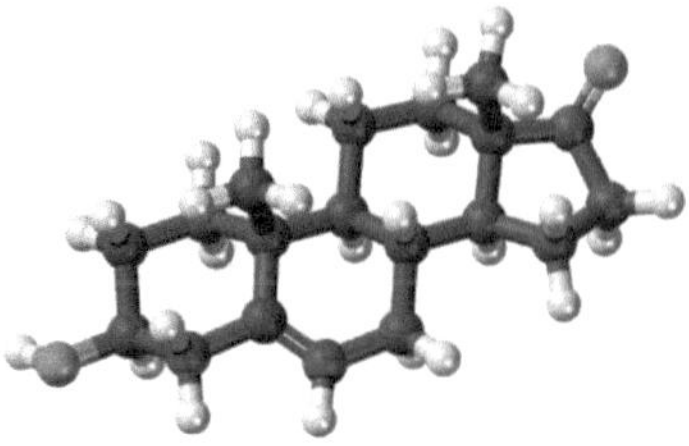

DHEA [i36]

La resistencia al estrés, la capacidad de manejar eficazmente las cargas, se basa en una compleja interacción de procesos psicológicos y físicos. La práctica de la atención plena puede reducir la reactividad a los estresores al influir en la evaluación de las experiencias y mejorar la regulación emocional [s116]. Este control emocional mejorado tiene un efecto positivo en la salud mental y fomenta la flexibilidad en el manejo de pensamientos y sentimientos desagradables, en lugar de evitarlos [s116]. Paralelamente, la integración social influye en nuestra respuesta al estrés: un entorno social de apoyo puede aumentar la resiliencia al estrés y mejorar la gestión del estrés a través de mecanismos neurobiológicos como la modulación de cortisol y DHEA [s117]. Esto subraya la importancia de los contactos sociales para la salud mental y física. Entre otras cosas, el intercambio con amigos o familiares en situaciones de estrés puede ayudar a reducir la carga y fomentar emociones positivas. También el autocompasión, que se fomenta a través de ejercicios de atención plena, contribuye a la resistencia al estrés al disminuir la autocrítica y fortalecer la motivación para el autocuidado [s118]. El cuidado intencionado de las relaciones sociales y la práctica consciente de la autocompasión son, por lo tanto, estrategias importantes para fortalecer la resistencia al estrés. Además, el optimismo y las estrategias de afrontamiento individuales afectan las

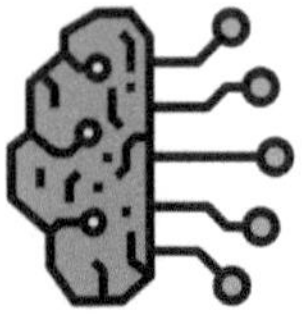

respuestas inmunológicas a los estresores [s119]. Mientras que el estrés agudo puede desencadenar respuestas inmunitarias adaptativas, el estrés crónico suprime la función inmunológica. En este contexto, los estresores a corto plazo provocan un cambio de citoquinas Th1 a citoquinas Th2, lo que indica un deterioro de la inmunidad celular [s119]. Los mecanismos psicológicos exactos que conectan el estrés y las respuestas inmunitarias, incluidos los estados emocionales y las evaluaciones cognitivas, siguen siendo objeto de investigación [s119].

autocompasión [i37]

Bueno saber

Autocompasión

La autocompasión se refiere a la capacidad de tratarse a uno mismo con amabilidad y comprensión en situaciones difíciles. Los estudios neurocientíficos sugieren que la autocompasión puede influir positivamente en la actividad de las regiones cerebrales asociadas con la regulación emocional y la autopercepción.

Cortisol

El cortisol es una hormona del estrés que se produce en la corteza suprarrenal. En el cerebro, el cortisol influye en varias áreas, incluido el hipocampo, que es importante para el aprendizaje y la memoria. El estrés crónico y los niveles elevados de cortisol de manera persistente pueden tener efectos negativos en la estructura y función cerebral.

Resiliencia al estrés y optimismo

Correlación de la actividad neuronal con el optimismo y la resiliencia al estrés.

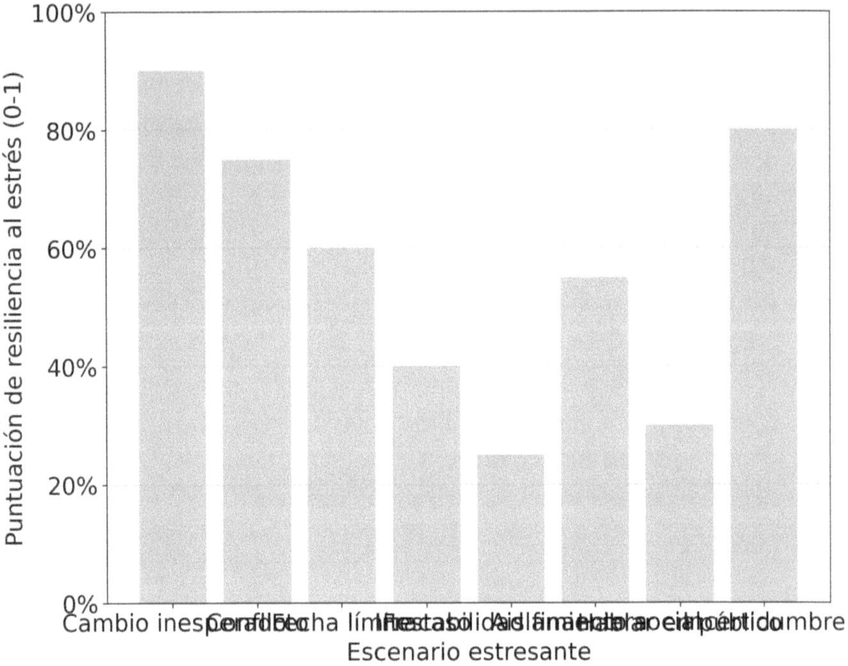

Ais: Aislamiento social
Con: Conflicto
Fra: Fracaso
Inc: Incertidumbre
Cam: Cambio inesperado
Fec: Fecha límite
Hab: Hablar en público
Ine: Inestabilidad financiera

Estos datos sugieren una fuerte correlación entre un mayor optimismo y una mayor resiliencia al estrés en varios escenarios desafiantes. Las personas que exhiben un mayor optimismo tienden a recuperarse más rápidamente de los reveses y mantienen una perspectiva más positiva, lo que demuestra una mayor resiliencia. Si bien la corteza prefrontal muestra una actividad constante en todos los escenarios, la activación de la amígdala es significativamente menor en las personas optimistas durante los eventos estresantes, lo que indica una mejor regulación emocional.

Aumento de la motivación

La motivación, el impulso detrás de la acción orientada a objetivos, está estrechamente vinculada a los procesos biológicos en el cerebro. La predisposición genética y los neurotransmisores influyen en nuestra capacidad para experimentar emociones positivas y mantener la motivación [s120]. Así, los factores genéticos contribuyen aproximadamente en un 35-50% a nuestra experiencia de felicidad, mientras que neurotransmisores como las endorfinas, que se liberan durante la actividad física o la risa, fomentan sentimientos positivos y motivación [s120]. Estos hallazgos subrayan la influencia de los procesos biológicos en nuestra motivación. La autoafirmación, el enfoque consciente en las propias fortalezas y características positivas, puede influir de manera sostenible en la motivación. Al activar los centros de recompensa en el cerebro, que también están asociados con procesos de autopercepción, la autoafirmación refuerza la autoestima y la confianza [s121]. Las autoafirmaciones orientadas al futuro, que se centran en estados futuros deseados, son especialmente efectivas. Por ejemplo, la reflexión regular sobre objetivos personales y los efectos positivos

asociados puede aumentar la motivación para su realización y la disposición al cambio [s121]. Los estudios muestran que la actividad neuronal en estas regiones de recompensa durante la autoafirmación se correlaciona con una disminución del comportamiento pasivo después de la intervención [s121]. Esto sugiere que la autoafirmación no solo puede aumentar el bienestar emocional, sino también fomentar la motivación para la acción activa y orientada a objetivos.

centro de recompensa [i38]

Bueno saber

Endorfinas

Neurotransmisores que el cuerpo produce en respuesta al dolor, el estrés o el esfuerzo. Tienen un efecto analgésico y elevador del estado de ánimo, y pueden aumentar la sensación de euforia y motivación.

Centros de recompensa

Áreas específicas en el cerebro que responden a estímulos placenteros y generan sentimientos positivos. La activación de estos centros juega un papel clave en la motivación al intensificar el deseo de recompensa.

Neurotransmisores

Mensajeros químicos que transmiten señales entre las células nerviosas en el cerebro y desempeñan un papel importante en la regulación del estado de ánimo, la motivación y el comportamiento. Un desequilibrio de ciertos neurotransmisores puede llevar a la pérdida de motivación.

Impacto de las Técnicas de Motivación

Eficacia de las técnicas en la función cerebral optimista.

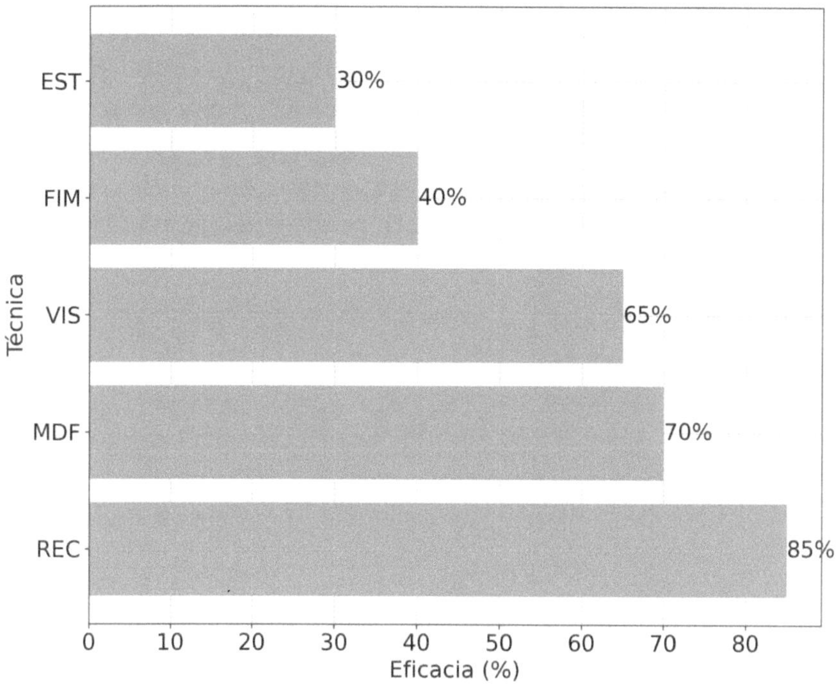

EST: Diálogo Interno Positivo
FIM: Fijación de Metas
MDF: Atención Plena
REC: Recompensas
VIS: Visualización

La visualización sugiere que el diálogo interno positivo tiene el mayor impacto en la función cerebral optimista, seguido de la atención plena y la visualización. El establecimiento de objetivos y los sistemas de recompensas parecen menos influyentes en este contexto, lo que podría indicar una preferencia por la motivación intrínseca sobre las recompensas extrínsecas para fomentar el optimismo.

4. 3 Cerebro autista

El cerebro autista procesa la información sensorial de manera diferente. Las hipersensibilidades e insensibilidades, las reacciones neuronales alteradas y una integración multisensorial comprometida moldean la percepción e influyen en la interacción social y la regulación emocional. Esto conlleva tanto desafíos en la vida cotidiana como potenciales no aprovechados. Comprender estas particularidades neuronales es crucial para el desarrollo de estrategias de apoyo individualizadas. Siga leyendo para explorar los fascinantes patrones de procesamiento del cerebro autista.

En el cerebro autista no se trata de reducir la intensidad de la percepción, sino de fortalecer la consistencia de la respuesta neuronal a los estímulos y desarrollar estrategias individuales para manejar la intensa percepción.

Percepción especial

La percepción especial en el autismo se manifiesta en un procesamiento sensorial alterado. Más del 96% de los niños con autismo informan sobre hipersensibilidad o hiposensibilidad en diferentes áreas sensoriales. [s122] Esto afecta principalmente la percepción auditiva, visual y táctil. Ya en la corteza auditiva primaria, se observa una actividad neuronal alterada en el procesamiento de estímulos auditivos. [s122] También el procesamiento de estímulos táctiles se ve frecuentemente afectado, aunque se investiga menos. En el ámbito visual, esto puede llevar a la evitación o a una búsqueda excesiva de estímulos visuales. [s122] La integración de información de diferentes canales sensoriales (integración multisensorial) está comprometida. [s122] Esto puede provocar dificultades en el procesamiento de estímulos complejos que involucran múltiples sentidos. La percepción también está estrechamente vinculada a los procesos de atención. Los déficits en la dirección y selección de la atención afectan el procesamiento sensorial. [s122] Por ejemplo, una persona con autismo puede tener dificultades para concentrarse en una conversación en un entorno ruidoso, ya que los ruidos ambientales se perciben como igual de intensos o incluso más intensos que la voz de su interlocutor. Esta percepción alterada también puede estar relacionada con la interacción social y la comunicación. Por ejemplo, una hiposensibilidad táctil se correlaciona con habilidades sociales más débiles. [s123] Los problemas de procesamiento sensorial son un síntoma central del autismo e incluyen hipersensibilidad, hiposensibilidad y la búsqueda de estímulos sensoriales. [s124] La integración multisensorial está comprometida en el autismo, lo que lleva a problemas en la combinación de información de diferentes modalidades sensoriales. [s124] Los entrenamientos sensoriales y multisensoriales pueden ayudar a mejorar estas habilidades. [s124] La Teoría del Mundo Intenso describe el cerebro autista como hipofuncional en circuitos neuronales locales, lo que lleva a hiperreactividad y hiperplasticidad. [s125] Esto puede provocar una percepción excesiva, mayor atención, una memoria detallada y reacciones emocionales intensas. Los niños autistas

muestran una disminución de la habituación a los estímulos sensoriales. [s125] La hiperreactividad neuronal puede llevar a dificultades en la integración de nueva información y fragmentar la percepción. [s125] Las particularidades sensoriales no son inherentemente negativas. El modelo de Sensibilidad al Procesamiento Sensorial (SPS) describe una sensibilidad aumentada como un rasgo de personalidad estable, que se asocia con mayor empatía, conciencia, capacidad de respuesta y procesamiento de información más profundo. [s126] SPS se diferencia de otros trastornos mentales, ya que activa diferentes regiones del cerebro en respuesta a estímulos sociales y emocionales, que están relacionadas con el procesamiento de recompensas, memoria, procesamiento de uno mismo y del otro, empatía y conciencia. [s126] Las personas con SPS experimentan estímulos sociales/emocionales como gratificantes y responden fisiológica y hormonalmente de manera adaptativa. [s126] SPS se caracteriza por una integración más profunda de la información y un procesamiento de memoria complejo. [s126]

Integración multisensorial

La integración multisensorial es la capacidad del cerebro para combinar información de diferentes canales sensoriales (por ejemplo, ver, oír, tocar) y integrarla en una experiencia perceptiva unificada. Las dificultades en este ámbito pueden afectar la interpretación de entornos complejos.

Sensibilidad al Procesamiento Sensorial (SPS)

La Sensibilidad al Procesamiento Sensorial (SPS) describe una sensibilidad aumentada a los estímulos sensoriales y matices emocionales. Las personas con SPS procesan la información de manera más profunda y responden más intensamente a estímulos sutiles.

Percepción táctil

La percepción táctil describe el procesamiento de estímulos de contacto en el cerebro. Una percepción táctil alterada puede llevar a hipersensibilidad o hiposensibilidad a los toques.

Percepción Sensorial en el Autismo

Sensibilidad e intensidad del procesamiento de información sensorial en individuos autistas.

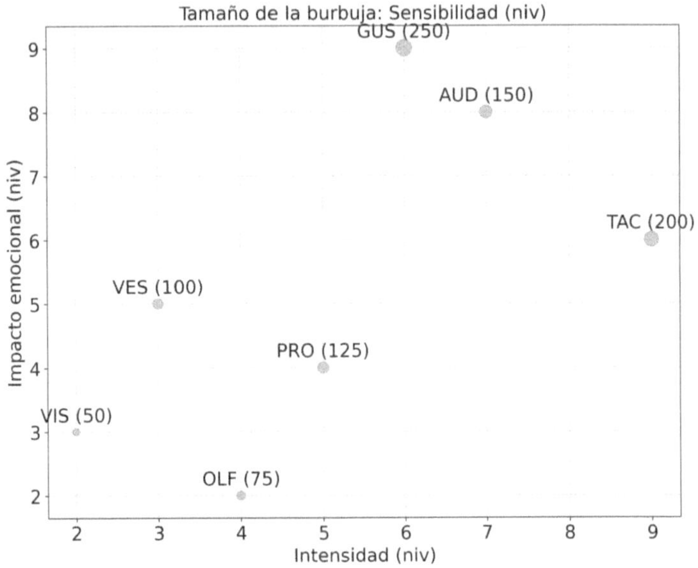

Blasengröße: Sensibilidad (niv)

AUD: Información Auditiva

GUS: Información Gustativa

OLF: Información Olfativa

PRO: Información Propioceptiva

TAC: Información Táctil

VES: Información Vestibular

VIS: Información Visual

Este gráfico visualiza las posibles diferencias en el procesamiento sensorial. Las burbujas más grandes indican una mayor sensibilidad, mientras que la posición en los ejes representa la intensidad de la experiencia y su impacto emocional. Por ejemplo, una burbuja grande en el área de alta intensidad/alto impacto podría representar una experiencia abrumadora, mientras que una burbuja más pequeña en el área de baja intensidad/bajo impacto podría sugerir una sensación menos perceptible o molesta. Las variadas posiciones y tamaños resaltan los diversos perfiles sensoriales dentro de la comunidad autista.

Patrones de procesamiento

Los patrones de procesamiento en el cerebro autista se caracterizan por peculiaridades específicas que se manifiestan en la respuesta neuronal a la información sensorial. Las investigaciones sobre la variabilidad inter-trial, es decir, la consistencia de las reacciones neuronales a estímulos repetidos, proporcionan información sobre estos procesos. Contrario a suposiciones anteriores, estudios recientes sugieren que el ruido neuronal, es decir, la actividad de fondo en el cerebro, no está necesariamente aumentado en niños autistas [s127]. Más bien, parece que la consistencia de la respuesta neuronal, medida a través de la Coherencia de Fase Inter-Trial (ITPC), se correlaciona con el grado de incomodidad sensorial. Un ITPC más bajo, es decir, una respuesta neuronal menos consistente al mismo estímulo, se asocia con una mayor incomodidad ante estímulos auditivos, especialmente a volúmenes más bajos, como 50 dB [s127]. Este hallazgo sugiere que no es la magnitud del ruido neuronal, sino la capacidad del cerebro para generar reacciones consistentes a la información sensorial lo que es relevante para la percepción sensorial. Por ejemplo, para apoyar el procesamiento auditivo, podrían ser útiles estrategias que se centren en fortalecer la consistencia neuronal en lugar de reducir el ruido neuronal. Al mismo tiempo, la plasticidad neuronal, es decir, la capacidad del cerebro para cambiar a través de experiencias, es especialmente pronunciada en la infancia [s128]. Intervenciones tempranas pueden aprovechar esta plasticidad para influir positivamente en el procesamiento de la información sensorial y los comportamientos asociados. Es importante no solo considerar el procesamiento sensorial de manera aislada, sino también la multisensorische_integration, es decir, la capacidad del cerebro para combinar información de diferentes canales sensoriales [s129]. Una integración multisensorial alterada puede dificultar la percepción de entornos complejos donde ocurren

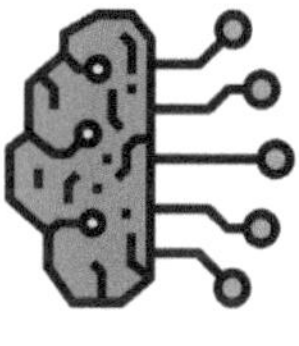

múltiples estímulos sensoriales simultáneamente. Por lo tanto, los enfoques terapéuticos deberían centrarse en fomentar la comunicación entre diferentes regiones del cerebro y así mejorar la integración de la información multisensorial.

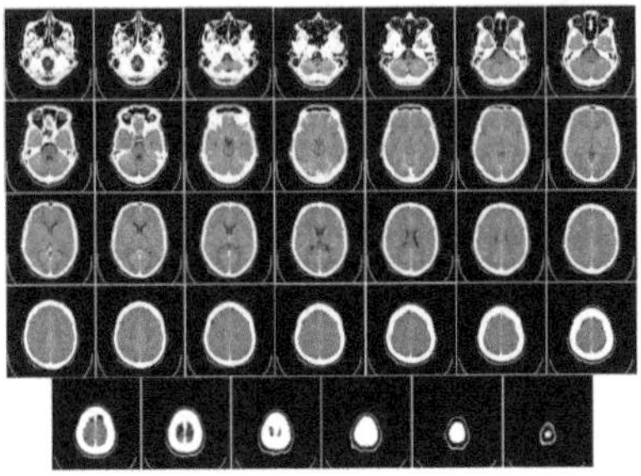

cerebro [i39]

Bueno saber

Coherencia de Fase Inter-Trial (ITPC)
Una medida de la consistencia temporal de las respuestas neuronales a estímulos repetidos. Un alto valor de ITPC indica una alta precisión temporal de la actividad neuronal.

Variabilidad inter-trial
Se refiere a las diferencias en las reacciones de las células nerviosas a un mismo estímulo que se presenta varias veces. Proporciona información sobre la fiabilidad del procesamiento neuronal.

Comparación de la velocidad de procesamiento

Comparación de las velocidades de procesamiento para diversos estímulos en cerebros neurotípicos y autistas.

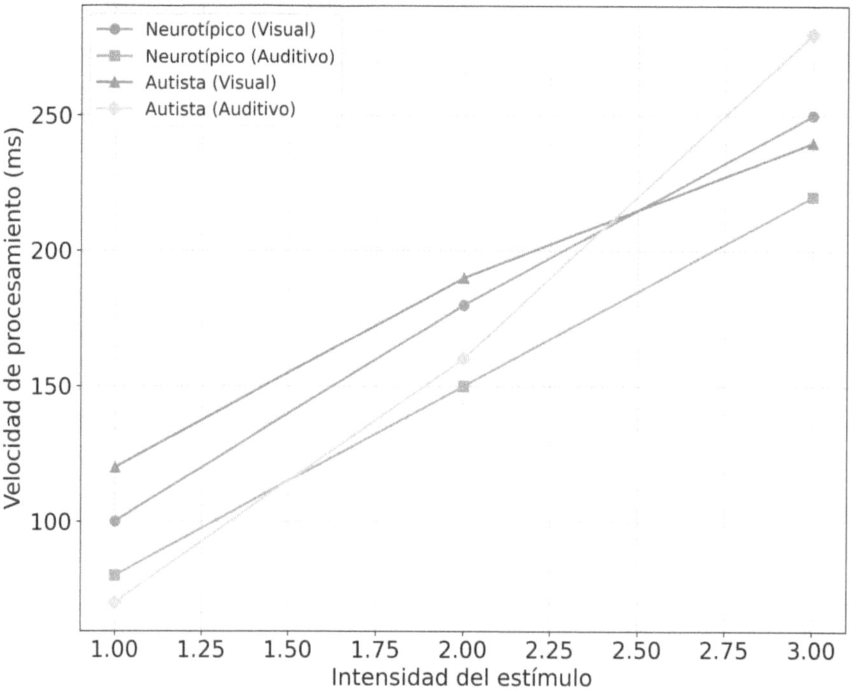

Este gráfico ilustra las posibles diferencias en las velocidades de procesamiento sensorial entre individuos neurotípicos y autistas. La pendiente más pronunciada para los estímulos auditivos en los individuos autistas sugiere una posible sensibilidad mayor o un procesamiento más rápido en esta área. Por el contrario, la pendiente más plana para los estímulos visuales podría indicar un procesamiento comparativamente más lento o diferente de la información visual. Estas diferencias resaltan las diversas formas en que los cerebros autistas perciben y reaccionan a su entorno y subrayan la importancia del apoyo individualizado.

Posibilidades de apoyo

Las posibilidades de apoyo en el autismo tienen en cuenta las particularidades sensoriales individuales y buscan mejorar la calidad de vida. A partir de la Teoría de la Mundo Intenso, que postula una hiperexcitación de los circuitos neuronales en el cerebro autista [s130], se pueden derivar diversas estrategias. En lugar de suprimir la actividad neuronal mediante medicamentos, como se sugiere en [s130], el diseño del entorno puede contribuir de manera significativa. Una reducción de la carga sensorial, por ejemplo, mediante el uso de auriculares con cancelación de ruido en entornos ruidosos o la creación de espacios de retiro con luz tenue y texturas calmantes, puede ayudar a minimizar la sobrecarga sensorial. Estos ajustes permiten influir positivamente en la intensa percepción que surge de la mencionada hiperreactividad y hiperplasticidad en la amígdala y el neocortex [s130]. Además, las medidas de apoyo específicas pueden ayudar en el procesamiento sensorial. - Las dietas sensoriales, que incluyen actividades personalizadas para estimular o regular los sentidos, pueden ayudar a mejorar la sensorische_integration. - Técnicas de relajación como el yoga o la relajación muscular progresiva pueden ayudar a regular las reacciones emocionales. - También, el fomento de habilidades sociales puede contribuir a facilitar la interacción con otras personas y así

Auriculares con cancelación de ruido [i40]

Yoga [i41]

reducir la ansiedad social. Una rutina diaria estructurada y reglas de comunicación claras crean previsibilidad y reducen las

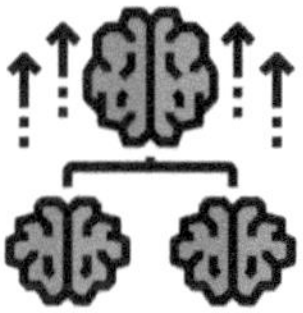

incertidumbres, lo que también se alinea con la Teoría de la Mundo Intenso [s130]. El enfoque no está en prevenir una "reacción de mundo intenso", sino en fomentar estrategias para manejar las particularidades perceptivas individuales. Así, el desarrollo de mecanismos de afrontamiento individuales para manejar estímulos sensoriales y emocionales puede promover la autorregulación y el bienestar. Las posibilidades de apoyo deben estar siempre orientadas a las necesidades y fortalezas individuales. Comparado con un traje a medida que se ajusta perfectamente y ofrece comodidad, las medidas de apoyo también deben ser adaptadas individualmente para desplegar su efectividad.

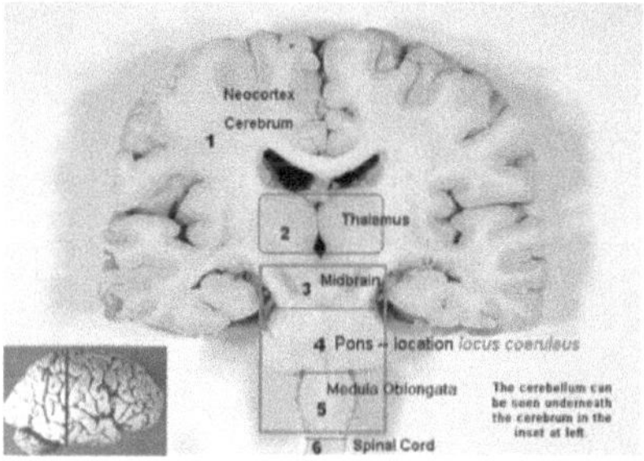

neocórtex [i42]

Teoría de la Mundo Intenso

Esta teoría sostiene que el cerebro de las personas con autismo procesa la información sensorial de manera diferente, lo que conduce a una percepción más intensa del mundo. Esto puede tener tanto efectos positivos como negativos, como una mayor sensibilidad a los detalles o una sobrecarga por ruidos fuertes.

Estrategias de Apoyo para Cerebros Autistas

Distribución de estrategias de apoyo efectivas para personas autistas.

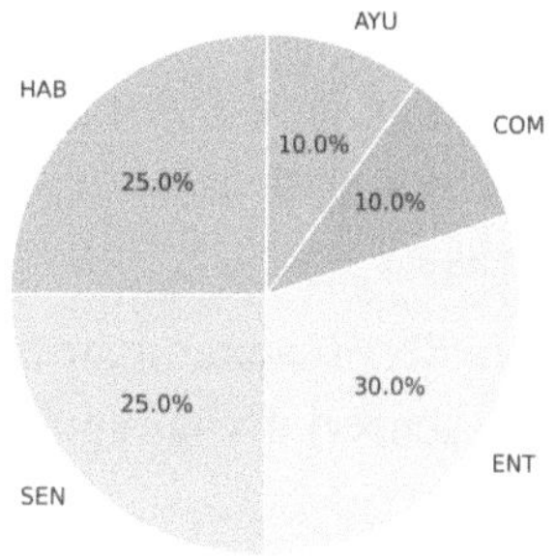

AYU: Tecnologías de asistencia (p. ej., ayudas para la comunicación, apoyos visuales)

COM: Apoyo comunitario y familiar (p. ej., grupos de apoyo, capacitación para padres)

ENT: Adaptaciones ambientales (p. ej., espacios tranquilos, rutinas predecibles)

HAB: Desarrollo de habilidades e intervenciones terapéuticas (p. ej., entrenamiento en habilidades sociales, TCC)

SEN: Apoyo a la regulación sensorial (p. ej., herramientas sensoriales, dietas sensoriales)

Los datos destacan la importancia de un enfoque multifacético para apoyar a las personas autistas. Si bien las adaptaciones ambientales juegan un papel importante, son más efectivas cuando se combinan con otras estrategias. El desarrollo directo de habilidades y las intervenciones terapéuticas son cruciales para desarrollar mecanismos de afrontamiento y fomentar la independencia. El apoyo a la regulación sensorial es vital, lo que refleja las sensibilidades sensoriales que experimentan muchas personas autistas. La proporción relativamente menor dedicada a las tecnologías de asistencia sugiere un área potencial para el crecimiento y la exploración, particularmente dados los rápidos avances en este campo. En general, un enfoque holístico que aborde las necesidades individuales en múltiples dominios es esencial para maximizar el bienestar y promover la inclusión.

Consejos concretos

- El cerebro autista procesa la información sensorial y las emociones de manera diferente, lo que conduce a una experiencia única del mundo.
- La consistencia neuronal en la respuesta a los estímulos, no el ruido neuronal, parece ser central para la percepción sensorial y abre nuevas vías terapéuticas.
- La investigación futura debería examinar más de cerca la interacción entre el procesamiento sensorial y la regulación emocional en el cerebro autista.
- La Teoría del Mundo Intenso ofrece una explicación prometedora para las particularidades sensoriales y emocionales, pero requiere una validación empírica adicional.
- Una comprensión más profunda de las bases neuronales de la percepción autista podría permitir intervenciones personalizadas que fomenten las fortalezas individuales.
- La exploración de la integración multisensorial ofrece puntos de partida para el desarrollo de nuevos métodos terapéuticos que vayan más allá del tratamiento aislado de modalidades sensoriales individuales.
- El estudio del papel de la plasticidad neuronal en la adaptación a los estímulos sensoriales podría abrir nuevas vías para mejorar la calidad de vida de las personas con autismo.
- Se deben considerar los perfiles sensoriales individuales y adaptar el entorno en consecuencia para minimizar la sobrecarga sensorial y permitir experiencias emocionales positivas.

Revisión - 4. Mente y emociones

El capítulo "Mente y emociones" ilumina las complejas interacciones entre los procesos neuronales, las experiencias emocionales y las competencias sociales. Se revela que la autopercepción, la regulación emocional y la competencia social están estrechamente entrelazadas y pueden ser influenciadas por la plasticidad neuronal. Es especialmente destacable la importancia del entrenamiento en atención plena, que puede influir positivamente tanto en la autopercepción como en la regulación emocional. Los hallazgos presentados en el capítulo sobre la base neuronal de la inteligencia emocional, en particular la distinción entre IE estratégica y experimental, subrayan la necesidad de considerar y fomentar estas habilidades de manera diferenciada. Además, los efectos de la soledad sobre la estructura cerebral, descritos en el capítulo, destacan la relevancia de las interacciones sociales para el bienestar emocional y abren nuevas perspectivas para medidas preventivas y terapéuticas.

La implementación práctica de los hallazgos presentados en el capítulo requiere un enfoque diferenciado que considere tanto las necesidades individuales como las posibles barreras para su implementación. Así, aunque la promoción de la autopercepción a través del entrenamiento en atención plena puede lograr efectos positivos, la integración de tales prácticas en la vida cotidiana requiere tiempo y compromiso. Lo mismo ocurre con la mejora de la regulación emocional: estrategias como la aproximación y el enfrentamiento con las emociones pueden contribuir a un bienestar emocional mejorado a largo plazo, pero inicialmente requieren la disposición a confrontar sentimientos desagradables. Las bases neuronales de la regulación emocional mencionadas en el capítulo ofrecen valiosas pistas para el desarrollo de intervenciones específicas. En el ámbito de la competencia social, es importante resaltar la relevancia de las experiencias en la primera infancia y las influencias familiares. Fomentar un ambiente familiar de apoyo y aprecio, donde las emociones se expresen y regulen abiertamente, puede influir positivamente en el desarrollo de competencias sociales en los niños de manera sostenible.

Las interrelaciones presentadas en el capítulo entre los procesos neuronales, las emociones y el comportamiento también plantean preguntas críticas. La interpretación de hallazgos neurobiológicos en el contexto de fenómenos psicológicos complejos como la soledad o la inteligencia emocional conlleva desafíos metodológicos. La correlación entre la actividad cerebral y los estados emocionales no implica necesariamente causalidad, y la transferibilidad de los hallazgos de laboratorio a situaciones sociales reales no siempre está garantizada. Además, surge la cuestión de la responsabilidad ética en el manejo de los hallazgos neurocientíficos. La posibilidad de influir en los procesos neuronales a través de intervenciones específicas conlleva tanto oportunidades como riesgos que deben ser cuidadosamente sopesados.

En conclusión, se puede afirmar que el capítulo "Mente y emociones" ofrece una visión integral sobre las bases neurobiológicas de los procesos emocionales y sociales. Los hallazgos presentados subrayan la importancia de la interacción entre el cerebro, las emociones y el comportamiento, y abren nuevas perspectivas para la promoción de la inteligencia emocional, la competencia social y el bienestar psicológico. La investigación futura debería centrarse más en el estudio de las complejas interacciones entre factores genéticos, plasticidad neuronal e influencias ambientales, para responder a las preguntas planteadas en el capítulo y avanzar en el desarrollo de intervenciones efectivas. Un enfoque interdisciplinario que integre perspectivas neurocientíficas, psicológicas y sociológicas es esencial en este proceso.

5. Optimización cerebral

¿Podemos entrenar nuestro cerebro como un músculo y mejorar su rendimiento de manera sistemática? La neurociencia moderna muestra que nuestro órgano pensante posee una asombrosa capacidad de adaptación y se transforma continuamente. Desde el arte clásico de la memoria hasta los métodos de entrenamiento digitales, las personas siempre han buscado formas de aumentar sus habilidades cognitivas. Nuevos hallazgos de la investigación cerebral abren perspectivas fascinantes para estrategias de optimización específicas. Las próximas páginas revelan cómo podemos aprovechar mejor el potencial de nuestro cerebro, con sorprendentes ideas sobre los límites y las posibilidades del desarrollo mental.

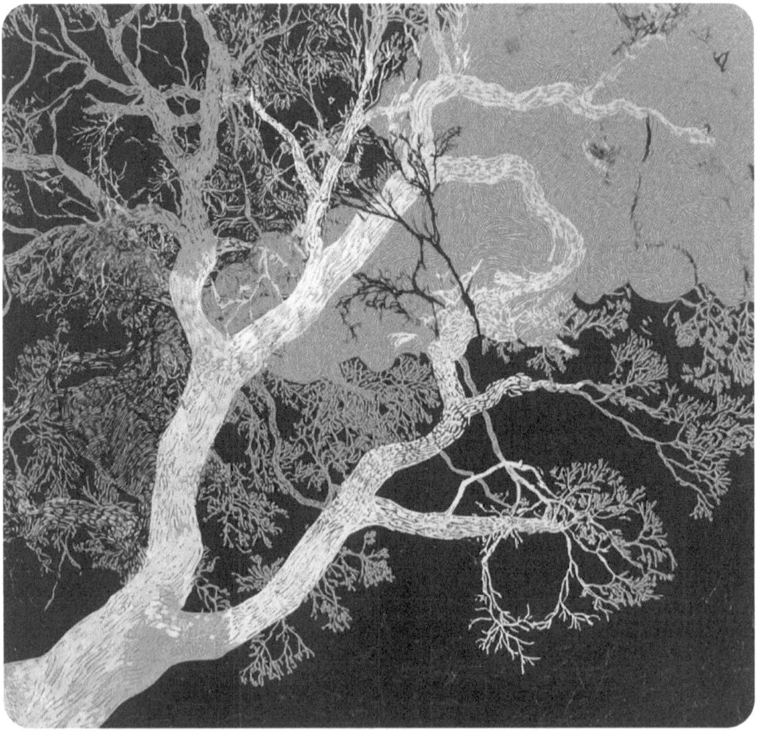

5. 1 Aprendizaje optimizado para el cerebro

El aprendizaje optimizado para el cerebro desbloquea el potencial de nuestro cerebro para un procesamiento de información más efectivo. Desde la estrategia de aprendizaje adecuada hasta técnicas de memoria y el aumento de la concentración, esta sección ilumina los desafíos y oportunidades que surgen de los hallazgos de las neurociencias para el proceso de aprendizaje. Factores como el contexto, la conexión, las emociones y la plasticidad neuronal juegan un papel crucial. Descubra cómo maximizar su potencial de aprendizaje y construir conocimiento de manera sostenible.

El aprendizaje optimizado para el cerebro se basa en la interconexión de la información y en la utilización de la neuroplasticidad a través de métodos de aprendizaje activos, emociones positivas y un entorno de aprendizaje enriquecido que considera tanto las necesidades físicas como las mentales.

Estrategias de aprendizaje

Las estrategias de aprendizaje tienen como objetivo aprovechar al máximo el funcionamiento del cerebro para mejorar la adquisición y el procesamiento de información. La conexión de información, en lugar de aprender hechos aislados, es crucial para construir estructuras de conocimiento estables [s131]. El contexto en el que se aprende influye significativamente en el rendimiento del aprendizaje. Crear contenido de manera autónoma, comparable a ensamblar activamente un rompecabezas, refuerza la comprensión y la retención de manera mucho más efectiva que el consumo pasivo de información [s131]. En lugar de centrarse en la dificultad del material de aprendizaje, la complejidad debe estar en primer plano para lograr una comprensión más profunda [s131]. También son fases normales del proceso de aprendizaje aquellas en las que el progreso se estanca o incluso retrocede, y no son motivo de preocupación [s131]. La actividad física mejora el rendimiento cognitivo y la plasticidad neuronal, la capacidad del cerebro para adaptarse y establecer nuevas conexiones [s131]. Las emociones positivas y las experiencias de aprendizaje significativas fomentan la formación de memoria, ya que estimulan la liberación de neurotransmisores como serotonina, lo que a su vez aumenta la synaptische_plastizitaet [s132]. Las repeticiones en intervalos de tiempo (efecto de espaciado) consolidan lo aprendido a largo plazo en la memoria [s131]. Una dieta equilibrada también juega un papel importante en el rendimiento cognitivo. omegafettsaeuren apoyan los procesos cognitivos y fomentan la plasticidad sináptica, mientras que un alto consumo de ácidos grasos saturados puede perjudicarlos [s133]. La combinación de una dieta rica en antioxidantes con ejercicio regular puede mejorar la función cognitiva [s133]. La reducción de calorías puede promover la plasticidad sináptica y proteger la función cognitiva en la vejez [s133]. También es crucial elegir el método de aprendizaje adecuado. Los métodos de aprendizaje activos despiertan interés y motivación, lo que promueve la liberación de neurotransmisores y aumenta la plasticidad sináptica [s134]. Tareas de práctica regulares y activas consolidan lo aprendido a través de la recuperación y aplicación activa [s134]. Los mapas conceptuales visualizan las relaciones y facilitan la recuperación de información [s134]. El aprendizaje basado en problemas fomenta la motivación, la atención y la formación de nuevas conexiones sinápticas [s134]. Considerar la diversidad cultural en el proceso de aprendizaje puede fortalecer el sentido de pertenencia y reducir el estrés, lo que tiene un efecto positivo en la capacidad de aprendizaje [s134]. La integración de aspectos sociales y la énfasis en la relevancia del contenido de aprendizaje aumentan la motivación y el compromiso de los estudiantes [s135]. Un entorno de aprendizaje enriquecido, que incluya suficiente sueño, una dieta equilibrada, estímulos cognitivos y seguridad emocional, apoya la neuroplastizitaet, la capacidad del cerebro para adaptarse y cambiar [s135]. Comprender la neuroplasticidad fortalece la responsabilidad sobre el propio proceso de aprendizaje [s135]. Un "Growth Mindset", la creencia de que la inteligencia y la capacidad de aprendizaje son desarrollables, aumenta el rendimiento académico y la motivación [s135].

Antioxidantes

Los antioxidantes son sustancias que protegen las células de daños causados por radicales libres. En el cerebro, pueden ayudar a mantener la función cognitiva y contrarrestar los procesos de degradación relacionados con la edad.

Efecto de espaciado

El efecto de espaciado describe el fenómeno de que la información se almacena mejor en la memoria a largo plazo cuando las repeticiones se realizan en intervalos de tiempo, en lugar de de manera consecutiva.

Aprendizaje basado en problemas

El aprendizaje basado en problemas es un método de aprendizaje en el que los estudiantes trabajan activamente en la solución de problemas realistas. Este enfoque fomenta la motivación, el pensamiento crítico y la aplicación de lo aprendido.

Growth Mindset

El Growth Mindset se refiere a la creencia de que las habilidades y la inteligencia pueden desarrollarse a través del esfuerzo y el aprendizaje. Esta mentalidad fomenta la motivación, la disposición para aprender y el rendimiento.

Eficacia de las estrategias de aprendizaje

Eficacia de diferentes métodos de aprendizaje

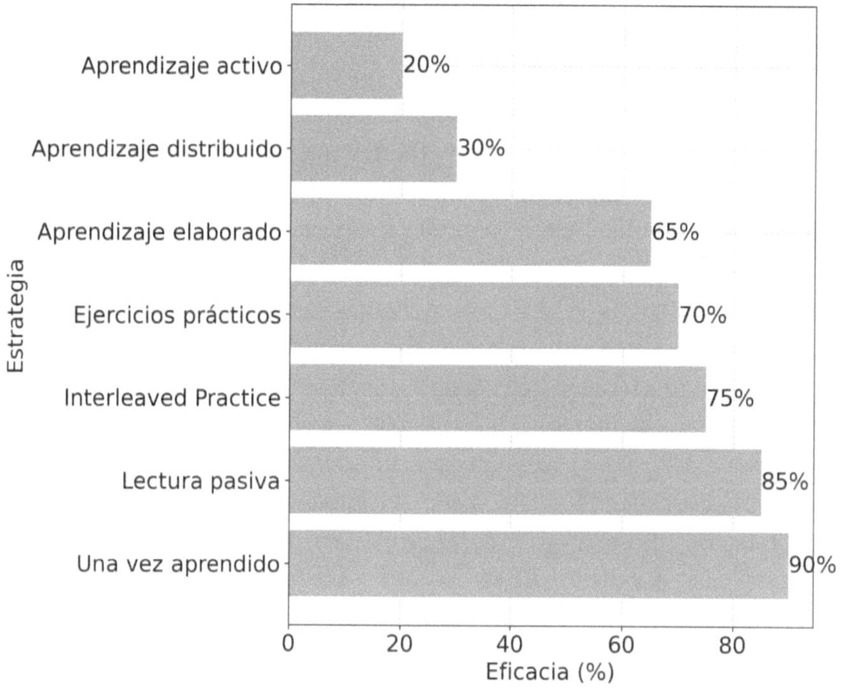

AA: Aprendizaje activo

AD: Aprendizaje distribuido

AE: Aprendizaje elaborado

EP: Ejercicios prácticos

IP: Interleaved Practice

LP: Lectura pasiva

UL: Una vez aprendido

El diagrama de barras horizontal visualiza la eficacia relativa de diferentes estrategias de aprendizaje. El recuerdo activo y el aprendizaje distribuido muestran la mayor eficacia, mientras que la lectura pasiva y el aprendizaje único son significativamente menos efectivos. Esto subraya la importancia de los procesos de aprendizaje activos y repetidos para una absorción óptima del conocimiento.

Técnicas de memoria

Las técnicas de memoria aprovechan los mecanismos naturales del cerebro para almacenar y recuperar información de manera efectiva. Un aspecto importante es la conexión de nuevos conocimientos con estructuras de conocimiento ya existentes. En lugar de aprender información de forma aislada, debe integrarse en un contexto y asociarse con experiencias previas. Esto genera conexiones neuronales más fuertes que facilitan la recuperación. Al igual que al aprender un idioma, donde las palabras no se memorizan individualmente, sino en oraciones e historias, los conceptos complejos también son más fáciles de recordar cuando se asocian con conceptos conocidos [s136]. La consolidación, es decir, la fijación de contenidos de memoria, se ve significativamente influenciada por el sueño. Durante el sueño, el cerebro procesa la información recibida y la transfiere de la memoria a corto plazo a la memoria a largo plazo. Diferentes fases del sueño juegan un papel en diferentes tipos de memoria. Por ejemplo, el sueño profundo es importante para la consolidación de memoria declarativa, es decir, hechos y eventos, mientras que el sueño REM es más relevante para la fijación de memoria procedimental, como habilidades motoras [s136]. También la llamada reconsolidación es un proceso significativo: al recuperar un recuerdo, este se vuelve temporalmente inestable y puede ser modificado o complementado por nueva información. Esta dinámica de la memoria nos permite actualizar constantemente nuestro conocimiento y adaptarlo a nuevas circunstancias [s136]. La interacción entre el hipocampo y el neocortex es crucial para el almacenamiento a largo plazo de la información. El hipocampo actúa como un tipo de memoria intermedia, mientras que el neocortex es responsable del almacenamiento permanente. A través de la recuperación y aplicación repetida de lo aprendido, la información se transfiere del hipocampo al neocortex y se integra en redes de conocimiento existentes [s136]. El entrenamiento de

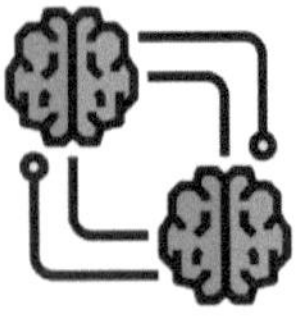

atención plena puede aumentar la densidad de materia gris en regiones del cerebro asociadas con procesos de aprendizaje y memoria, incluido el hipocampo [s137]. La meditación regular o los ejercicios basados en la atención plena pueden, por lo tanto, influir positivamente en el rendimiento de la memoria [s137]. Al enfocarse conscientemente en el momento presente y reducir los pensamientos distractores, se fortalece la atención y se optimiza el procesamiento de la información [s137].

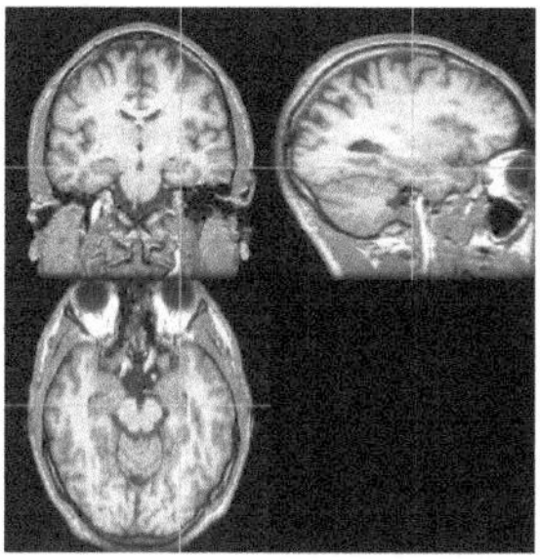

Hipocampo [i43]

Consolidación

La fijación de contenidos de memoria, especialmente durante el sueño, a través de la cual lo aprendido se transfiere de la memoria a corto plazo a la memoria a largo plazo. La recuperación y práctica repetidas fortalecen estas conexiones.

Entrenamiento de atención plena

Ejercicios mentales que fomentan la percepción consciente del momento presente, sin juicio. Puede influir positivamente en la estructura y función del cerebro, especialmente del hipocampo, y así apoyar el aprendizaje.

Memoria declarativa

Almacena hechos y eventos que pueden ser recuperados conscientemente, por ejemplo, fechas históricas o experiencias personales. Se beneficia especialmente del sueño profundo.

Memoria procedimental

Almacena habilidades motoras y procesos, como andar en bicicleta o nadar. Los contenidos se recuperan de forma inconsciente y se consolidan a través del sueño REM.

Distribución de Técnicas de Memorización

Distribución de técnicas de memorización efectivas.

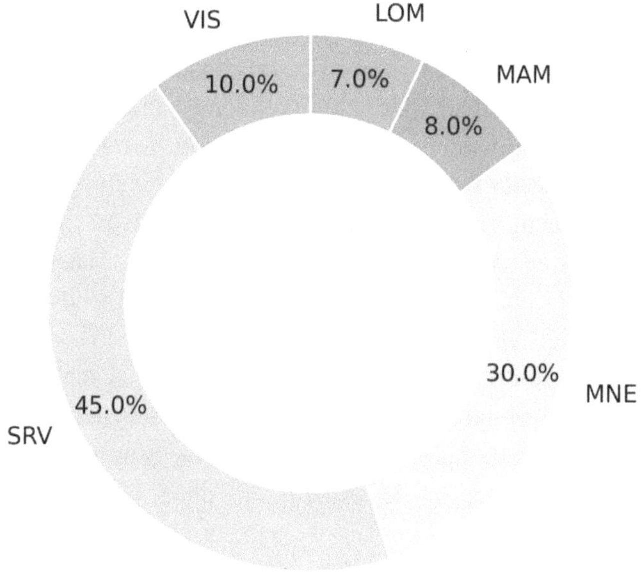

LOM: Método de Loci

MAM: Mapas Mentales

MNE: Mnemotecnia

SRV: Sistemas de Repetición Espaciada

VIS: Visualización

La visualización destaca el dominio de los Sistemas de Repetición Espaciada (SRE) como técnica de memorización, lo que sugiere su eficacia y amplia adopción. Si bien la mnemotecnia ocupa una parte significativa, su uso es menos frecuente que el de los SRE. Los segmentos más pequeños demuestran el potencial de otras técnicas como la visualización, los mapas mentales y el método de loci, aunque se emplean con menos frecuencia. Esta distribución sugiere un enfoque en el aprendizaje estructurado y repetitivo, complementado con técnicas que aprovechan la memoria visual y asociativa.

Aumento de la concentración

La concentración, la capacidad de dirigir y mantener nuestra atención de manera específica y duradera en una tarea o pensamiento determinado, es esencial para un aprendizaje efectivo. Además de métodos establecidos como el spacingeffekt, donde los contenidos de aprendizaje se repiten en intervalos de tiempo para promover la consolidación de la memoria, existen otros factores que influyen en nuestra capacidad de concentración. Como muestra la investigación, las señales hormonales del sistema digestivo también afectan directamente los procesos de aprendizaje y memoria. Por ejemplo, neurotransmisores como la leptina y la grelina, que regulan el estado de hambre y saciedad, también influyen en la actividad neuronal en las regiones del cerebro responsables del aprendizaje y la memoria. Por lo tanto, una dieta equilibrada puede no solo influir positivamente en el rendimiento físico, sino también en el rendimiento mental. Otro aspecto importante es el diseño del entorno de aprendizaje. En lugar de centrarse únicamente en la dificultad del material de estudio, se debe prestar atención a su complejidad y a la conexión con el conocimiento ya existente. Al igual que en el aprendizaje de un idioma, donde las palabras no se aprenden de forma aislada, sino en oraciones y textos, la integración de nueva información en un contexto significativo fomenta la comprensión y la retención. El diseño consciente del proceso de aprendizaje, teniendo en cuenta las necesidades individuales y la integración del conocimiento ya conocido, contribuye significativamente al aumento de la concentración. Estrategias de comportamiento como dormir lo suficiente y realizar actividad física regular mejoran comprobablemente el rendimiento cognitivo. Por ejemplo, quienes practican deporte regularmente no solo promueven su salud física, sino también la circulación sanguínea en el cerebro y, por ende, el suministro de oxígeno y nutrientes a las células nerviosas. Esto, a su vez, tiene un efecto positivo en la capacidad de concentración y el rendimiento cognitivo. Además, medidas específicas para fomentar la neuroplasticidad, la capacidad del cerebro para adaptarse y establecer nuevas conexiones, pueden mejorar el rendimiento de aprendizaje. La zona de desarrollo próximo (ZDP), un concepto de la pedagogía, describe el área de aprendizaje óptima entre lo que un aprendiz puede manejar de forma independiente y lo que puede lograr con apoyo. Al confrontar a los aprendices con tareas que son desafiantes pero no abrumadoras, se promueve de manera óptima la neuroplasticidad y se fortalece la capacidad de concentración.

Bueno saber

Consolidación de la memoria

La consolidación de la memoria se refiere al proceso mediante el cual la información recién aprendida se transfiere de la memoria a corto plazo a la memoria a largo plazo y se solidifica allí. Este proceso ocurre durante el sueño y a través de la activación repetida de los contenidos de la memoria, y es crucial para el aprendizaje duradero.

Zona de desarrollo próximo

La zona de desarrollo próximo (ZDP) describe el área entre lo que un aprendiz puede hacer sin ayuda y lo que puede lograr con apoyo. En esta zona se produce un aprendizaje óptimo, ya que las tareas son desafiantes pero no abrumadoras. La ZDP es dinámica y se desplaza con el progreso del aprendizaje.

Impacto de las técnicas de enfoque en el rendimiento cognitivo

Efectividad relativa de varios métodos de concentración

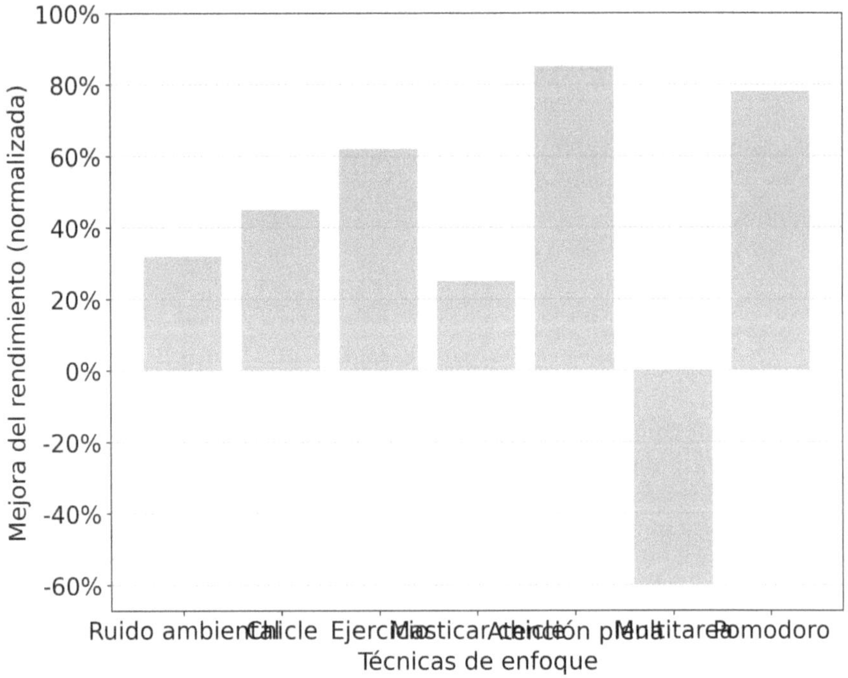

CHI: Chicle

EJE: Ejercicio

MTA: Multitarea

RAM: Ruido ambiental

DCO: Descansos cortos

MPL: Atención plena

POM: Pomodoro

Estos datos sugieren que la atención plena y la Técnica Pomodoro son altamente efectivas para mejorar la concentración. Si bien el ruido ambiental y el masticar chicle muestran cierto impacto positivo, su efectividad es menos pronunciada. Curiosamente, la multitarea dificulta significativamente la concentración, lo que refuerza la importancia del esfuerzo enfocado. Estos hallazgos destacan los beneficios potenciales de incorporar técnicas específicas en las rutinas de aprendizaje y trabajo para maximizar el rendimiento cognitivo.

5. 2 Entrenamiento cerebral

El entrenamiento cerebral tiene como objetivo mejorar las habilidades cognitivas, desde la memoria y la capacidad de pensamiento hasta la velocidad de procesamiento. Los estudios muestran efectos positivos, especialmente en adultos mayores, pero la transferibilidad a áreas no entrenadas sigue siendo un desafío. Un entrenamiento cerebral efectivo requiere niveles de dificultad ajustados, motivación continua e integración significativa en la vida cotidiana. Además de los ejercicios cognitivos clásicos, las tecnologías digitales y los videojuegos específicos ofrecen nuevas oportunidades para entrenar habilidades específicas. Al mismo tiempo, el uso de medios digitales también conlleva riesgos para la función cerebral que deben ser considerados. La combinación de ejercicios cognitivos con actividad física e interacción social puede promover aún más la salud cerebral. Descubra las diversas facetas del entrenamiento cerebral y aprenda cómo puede desarrollar su potencial mental de manera óptima.

El entrenamiento cerebral es más efectivo cuando la dificultad de las tareas se ajusta continuamente al progreso individual, para mantener la motivación y evitar la sobrecarga.

Ejercicios cognitivos

Los ejercicios cognitivos activan de manera específica diferentes áreas del cerebro y pueden mantener o mejorar la capacidad mental [s138]. Estudios demuestran efectos positivos del entrenamiento cognitivo en la memoria, la capacidad de pensamiento y la velocidad de procesamiento, especialmente en adultos mayores [s138]. Es importante entender que los efectos a menudo están limitados a las habilidades entrenadas [s139]. Así, practicar búsquedas en línea fortalece las redes neuronales relacionadas con la estrategia de búsqueda [s140], pero no necesariamente mejora la capacidad de visualización espacial. Para fomentar la transferencia a tareas similares, los regímenes de entrenamiento deben aumentar gradualmente la dificultad, mantener la motivación y ofrecer retroalimentación efectiva [s139]. Comparable al aprendizaje de un instrumento musical, donde inicialmente se practican melodías simples antes de pasar a piezas más complejas, un aumento gradual en el nivel de dificultad incrementa la efectividad de los ejercicios cognitivos. La combinación de ejercicios cognitivos con actividad física puede promover aún más la salud cerebral [s141]. El Modelo de Capacidad Adaptativa (ACM) describe la interacción de ambos factores: el entrenamiento aeróbico estimula procesos neurogénicos en el hipocampo, una área del cerebro central para el aprendizaje y la memoria [s141]. Si se realizan tareas cognitivas junto con la actividad física, esto refuerza los efectos positivos sobre la neuronale_plastizitaet [s141]. Se podría comparar esto con regar una planta (actividad física), que además se apoya en fertilizante (tareas cognitivas) para su crecimiento. El ACM proporciona así una base para el desarrollo de programas de entrenamiento que aborden áreas cognitivas específicas durante el entrenamiento. También programas de computadora y videojuegos específicos pueden servir como ejercicios cognitivos y mejorar ciertas habilidades [s140]. Por ejemplo, el llamado entrenamiento N-Back, donde los jugadores deben recordar secuencias de estímulos cada vez más largas, puede aumentar la arbeitsgedaechtnis y la inteligencia fluida [s140]. Los videojuegos de acción, por otro lado, entrenan la atención visual, el tiempo de reacción y la capacidad de cambio de tarea [s140]. Además, las intervenciones en línea en el ámbito de la salud mental ofrecen oportunidades para la autogestión y el apoyo, lo que puede aumentar el bienestar general [s140]. La meditación de atención plena, otra forma de ejercicio cognitivo, puede provocar cambios estructurales en el cerebro relacionados con el aprendizaje, la memoria y la regulación emocional [s142]. Los estudios muestran una mayor densidad de materia gris en regiones cerebrales relevantes después de participar en programas de atención plena [s142]. Esto subraya el potencial de los ejercicios cognitivos no solo para influir positivamente en la capacidad mental, sino también en el bienestar psicológico. Aunque la investigación sobre ejercicios cognitivos es prometedora, se necesitan más estudios para comprender completamente los efectos a largo plazo y la transferibilidad a habilidades cotidianas [s138] [s139].

Entrenamiento N-Back

Un método de entrenamiento cognitivo en el que los participantes deben recordar secuencias de estímulos y compararlas con estímulos presentados con un retraso temporal. La 'N' representa el número de pasos hacia atrás que deben considerarse. Este ejercicio requiere memoria de trabajo, flexibilidad cognitiva y atención. Los estudios sugieren que el entrenamiento N-Back puede mejorar la inteligencia fluida.

Inteligencia fluida

La capacidad de adaptarse a nuevas situaciones y resolver problemas complejos sin recurrir a conocimientos previamente adquiridos. A diferencia de la inteligencia cristalizada, es menos dependiente de experiencias de aprendizaje y tiende a disminuir con la edad. El entrenamiento específico puede ayudar a mantener o incluso mejorar la inteligencia fluida.

Meditación de atención plena

Una forma de meditación que busca enfocar la atención en el momento presente sin juzgar. Implica la percepción consciente de pensamientos, sentimientos y sensaciones corporales. La meditación de atención plena puede mejorar la capacidad de autorregulación de las emociones, reducir el estrés y aumentar la concentración. Estudios neurocientíficos muestran que la meditación de atención plena puede provocar cambios estructurales en el cerebro que se asocian con una mejor atención, regulación emocional y autoconciencia.

Entrenamiento mental

El entrenamiento mental abarca diversas metodologías para aumentar la capacidad cognitiva. Los programas de entrenamiento basados en laboratorio y intervenciones ecológicas ofrecen diferentes enfoques [s143]. Las intervenciones ecológicas integran el entrenamiento en situaciones cotidianas, mientras que los procedimientos basados en laboratorio entrenan habilidades específicas en condiciones controladas. La elección del enfoque adecuado depende de los objetivos y necesidades individuales. Por ejemplo, un músico que desea mejorar su destreza manual puede beneficiarse de ejercicios específicos basados en laboratorio, mientras que alguien que quiere fortalecer su memoria en la vida diaria podría beneficiarse de intervenciones ecológicas como memorizar listas de compras. La adaptación del entrenamiento al público objetivo maximiza la efectividad [s143]. El entrenamiento mental puede, al igual que el entrenamiento físico, fomentar la neuroplasticidad, la capacidad del cerebro para cambiar y adaptarse [s143]. Los efectos positivos se manifiestan, por ejemplo, en una función cognitiva mejorada y en representaciones corticales alteradas. El uso de tecnologías digitales ofrece nuevas oportunidades para el apoyo psicológico y las intervenciones, pero también conlleva riesgos para la función cerebral [s144]. Las herramientas digitales pueden facilitar el acceso a programas de entrenamiento personalizados y fomentar la autogestión. Al mismo tiempo, el consumo excesivo de medios digitales puede tener efectos negativos en los procesos cognitivos. Por lo tanto, se recomienda un uso consciente y equilibrado de las tecnologías digitales [s144]. El entrenamiento mental puede contrarrestar el deterioro cognitivo relacionado con la edad, preservando así la calidad de vida y la independencia económica en la vejez [s145]. Aunque el cerebro envejecido sigue siendo plástico, los mecanismos exactos que influyen en esta plasticidad aún son objeto de investigación [s145]. Comprender estos procesos es crucial para desarrollar programas de entrenamiento efectivos y adecuados para la edad. El entrenamiento mental, especialmente con tareas desafiantes, puede aumentar el número de neuronas sobrevivientes en el hipocampo. Aprender con éxito durante el entrenamiento es esencial para proteger a las nuevas neuronas de la muerte [s146]. La dificultad de las tareas de aprendizaje influye directamente en la tasa de supervivencia de las nuevas neuronas: las tareas más complejas fomentan la supervivencia neuronal más que las simples [s146]. Estos hallazgos subrayan la importancia del aprendizaje continuo y la adaptación del nivel de dificultad en el entrenamiento mental. Los efectos positivos del entrenamiento también pueden influir en la kognitive_flexibilitaet y en la capacidad de diferenciar patrones [s146]. Estas habilidades son esenciales para adaptarse a nuevas situaciones y resolver problemas de manera efectiva.

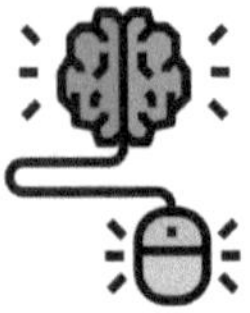

Bueno saber

Representaciones corticales

Las representaciones corticales se refieren a la forma en que la información se procesa y almacena en la corteza, la capa externa del cerebro. El entrenamiento mental puede cambiar y optimizar estas representaciones.

Intervenciones ecológicas

Las intervenciones ecológicas incorporan entornos reales y actividades cotidianas en el entrenamiento para promover la transferencia de las habilidades entrenadas a la vida diaria. Se caracterizan por su alta relevancia práctica.

Eficacia de los métodos de entrenamiento cerebral

Eficacia e inversión de tiempo de diferentes métodos de entrenamiento cerebral.

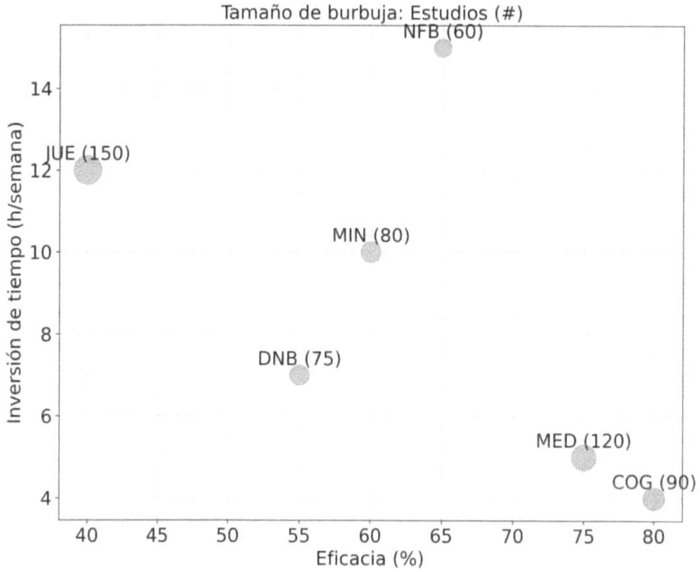

Blasengröße: Estudios (#)

COG: Entrenamiento cognitivo

DNB: Dual-N-Back

JUE: Videojuegos

MED: Meditación

MIN: Atención plena

NFB: Neuroretroalimentación

La meditación y la atención plena muestran una alta eficacia con una inversión de tiempo moderada, mientras que los videojuegos, a pesar de requerir más tiempo, producen una menor eficacia. El entrenamiento cognitivo parece ser el más eficiente, logrando una alta eficacia con una inversión de tiempo relativamente baja. La neuroretroalimentación requiere una inversión de tiempo significativa, pero demuestra una eficacia moderada, lo que sugiere un potencial de mayor rendimiento con protocolos optimizados. El Dual-N-Back requiere una inversión de tiempo moderada y una eficacia media.

Mejora del rendimiento

La mejora del rendimiento del cerebro abarca diversas estrategias, que van desde ajustes bioquímicos hasta estimulación física y cambios de comportamiento [s147]. Componentes alimenticios como la glucosa o la cafeína pueden influir a corto plazo en las funciones cognitivas, modulando la provisión de energía o la excitabilidad neuronal [s147]. Las tecnologías de estimulación cerebral, incluida la estimulación eléctrica transcraneal, ofrecen potencial para la mejora cognitiva, pero también conllevan ciertos riesgos y su eficacia aún no se ha investigado completamente [s147]. El tiempo necesario para lograr los efectos deseados varía según el método. Mientras que algunas estrategias ofrecen efectos inmediatos pero a corto plazo, otras requieren cambios a largo plazo y aplicación regular [s147]. La aceptación social y la disponibilidad también juegan un papel en la elección de la estrategia correspondiente [s147]. Además de estos enfoques más intervencionistas, existen métodos basados en el comportamiento para la mejora del rendimiento. Aprender nuevas habilidades, ya sea tejer un patrón complejo o la edición digital de imágenes, puede mejorar la memoria y fortalecer la reserva cognitiva [s148]. La motivación para involucrarse en actividades significativas es crucial [s149]. Al igual que en el entrenamiento cognitivo, también aquí es recomendable aumentar

Funciones cognitivas [i44]

Entrenamiento cognitivo [i45]

gradualmente la dificultad de las tareas para mantener la motivación y evitar la sobrecarga [s149]. Comience con patrones de tejido simples y aumente la complejidad poco a poco. En la fotografía digital, puede comenzar aprendiendo los fundamentos de la composición de imágenes y luego abordar técnicas avanzadas como la exposición prolongada. Este aumento gradual de los requisitos no solo fomenta el éxito del aprendizaje, sino también el placer de aprender en sí [s149]. La interacción social regular también contribuye a la salud cognitiva y puede reducir el riesgo de deterioro cognitivo [s148]. La participación activa en conversaciones, juegos en grupo o la colaboración en una asociación ofrecen oportunidades para la interacción social y al mismo tiempo fomentan habilidades cognitivas como la memoria, la atención y la habilidad verbal. Por lo tanto, la combinación de actividades estimulantes, un estilo de vida saludable y un intercambio social regular constituye una base sólida para el mantenimiento a largo plazo de la capacidad cognitiva.

Entrenamiento cognitivo

El entrenamiento cognitivo incluye ejercicios y actividades específicas que tienen como objetivo mejorar ciertas habilidades cognitivas como la memoria, la atención o las habilidades de resolución de problemas.

Estimulación eléctrica transcraneal

En la estimulación eléctrica transcraneal, se aplica una corriente débil a través del cráneo para influir en la actividad de ciertas áreas del cerebro. Este método se investiga en el entrenamiento cerebral para mejorar las habilidades cognitivas.

Excitabilidad neuronal

La excitabilidad neuronal describe cuán fácilmente se activa una neurona por un estímulo y transmite una señal. El entrenamiento cerebral puede influir en la excitabilidad de las neuronas y así optimizar el procesamiento de la información.

Funciones cognitivas

Las funciones cognitivas se refieren a los procesos mentales que nos permiten procesar información, aprender, pensar, resolver problemas y tomar decisiones. El entrenamiento cerebral a menudo tiene como objetivo mejorar estas funciones.

Distribución de la mejora cognitiva

Distribución de los beneficios cognitivos del entrenamiento cerebral.

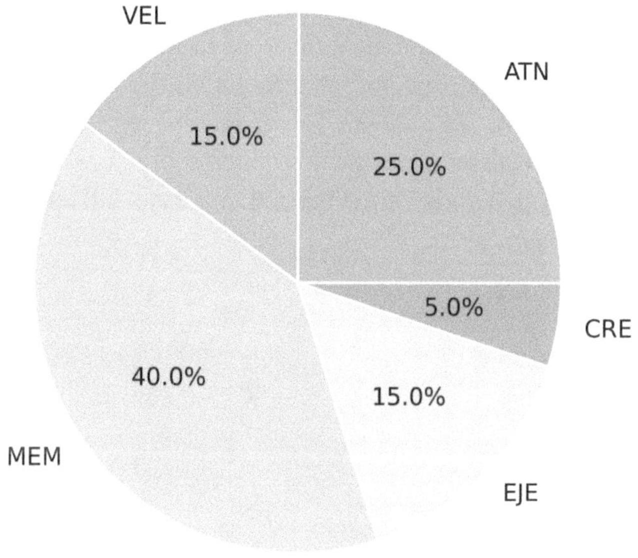

ATN: Atención

EJE: Funciones Ejecutivas

VEL: Velocidad de Procesamiento

CRE: Creatividad

MEM: Memoria

Si bien la mejora de la memoria muestra las ganancias más significativas, otras áreas como la atención, la velocidad de procesamiento y las funciones ejecutivas también experimentan mejoras notables. Esto sugiere que el entrenamiento cerebral puede tener un amplio impacto positivo en las habilidades cognitivas, en lugar de centrarse únicamente en la memoria. El aumento relativamente menor en la creatividad podría indicar que esta área podría requerir diferentes enfoques de entrenamiento o que los métodos de medición son menos sensibles a los cambios.

5. 3 Cerebro digital

Los medios digitales moldean nuestro cerebro y sus funciones. El uso intensivo, especialmente el multitasking, influye en la atención, el procesamiento de la información e incluso en la estructura cerebral. Esto conlleva riesgos como la reducción de la atención, la absorción superficial de la información y el potencial de adicción. Al mismo tiempo, las tecnologías digitales también ofrecen oportunidades para la mejora cognitiva y el apoyo terapéutico. Descubra en este capítulo cómo los medios digitales cambian nuestro cerebro y cómo podemos dar forma activa a estas influencias.

La forma en que utilizamos los medios, no la tecnología en sí, moldea nuestro cerebro y nuestras habilidades cognitivas. Un enfoque consciente y activo en lugar de un consumo pasivo es fundamental.

Uso de medios

El uso de medios moldea nuestras habilidades cognitivas. Un uso intensivo de medios, especialmente en los años jóvenes, puede provocar cambios morfológicos en el cerebro [s150]. Por ejemplo, el uso temprano e intensivo de pantallas en niños pequeños puede afectar el desarrollo de la sustancia blanca y, por lo tanto, influir negativamente en el desarrollo del lenguaje [s151]. El consumo de medios no es intrínsecamente dañino. Más bien, la forma en que se utilizan influye en los efectos sobre la salud cognitiva [s151]. El uso pasivo puede tener efectos negativos, mientras que el uso activo y social promueve efectos positivos [s150]. Los medios digitales incluso pueden mejorar la salud mental y apoyar terapias [s150]. Es importante un manejo consciente y creativo de estas tecnologías [s150]. Un aspecto crítico del uso de medios es el multitasking. Los adolescentes pasan un promedio de 7,5 horas al día con medios, de las cuales el 29 por ciento es multitasking [s152]. El multitasking a menudo conduce a una sobreestimación de las propias habilidades, ya que el cerebro no está diseñado para realizar múltiples tareas simultáneamente [s152]. En cambio, se produce un cambio rápido entre tareas, lo que resulta en una disminución del rendimiento y una mayor tasa de errores [s152]. Los estudios muestran que las personas que a menudo realizan multitasking tienen un rendimiento inferior en tareas cognitivas que requieren atención y memoria, incluso cuando solo están trabajando en una tarea [s152]. Esto afecta negativamente el aprendizaje y el rendimiento académico, ya que las distracciones de los medios afectan la concentración y la memoria [s152]. Resultados similares se observan también en el control de la atención. Los multitaskers intensivos tienen dificultades para concentrarse en las tareas y regresar después de las distracciones [s153]. Los adolescentes estadounidenses consumen un promedio de más de 11 horas de medios al día, lo que subraya la importancia de investigar los efectos sobre el desarrollo neurocognitivo [s153]. El uso frecuente de tecnologías digitales puede llevar a problemas de atención, especialmente en niños y adolescentes [s154]. Esto también puede afectar la inteligencia emocional y social, ya que queda menos tiempo para interacciones personales [s154]. Las redes sociales, paradójicamente, conllevan el riesgo de aislamiento social [s154]. Los circuitos neuronales activados por el consumo de medios, como las búsquedas en Internet [s154], pueden mejorar las habilidades cognitivas, sin embargo, el consumo excesivo, especialmente en smartphones, puede inducir a la adicción [s155]. Al igual que con otros comportamientos adictivos, el sistema de recompensa en el cerebro se estimula mediante notificaciones constantes y "me gusta" [s155]. La naturaleza impredecible de las recompensas digitales, como los "me gusta" variables, aumenta el riesgo de adicción [s155]. Comportamientos repetidos relacionados con el consumo de medios pueden llevar a cambios en la función cerebral, comparable a otros trastornos adictivos [s155]. El uso excesivo de smartphones se correlaciona con trastornos mentales como la depresión, la ansiedad y los trastornos de atención [s155]. Sin embargo, la discusión sobre la adicción a los smartphones también debe ser considerada críticamente, ya que muchos estudios presentan solo correlaciones estadísticas débiles [s155]. Por lo tanto, un manejo consciente de los medios digitales es esencial para minimizar los efectos negativos y aprovechar los beneficios de la tecnología. Por ejemplo, tomar descansos regulares de los dispositivos digitales y reducir el tiempo de pantalla, especialmente antes de dormir, puede ayudar a fomentar un uso saludable de los medios y minimizar los efectos negativos en el sueño y el rendimiento cognitivo [s154].

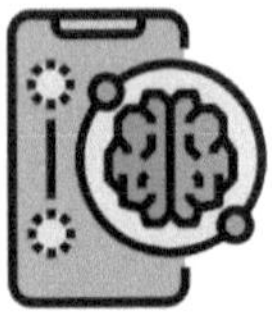

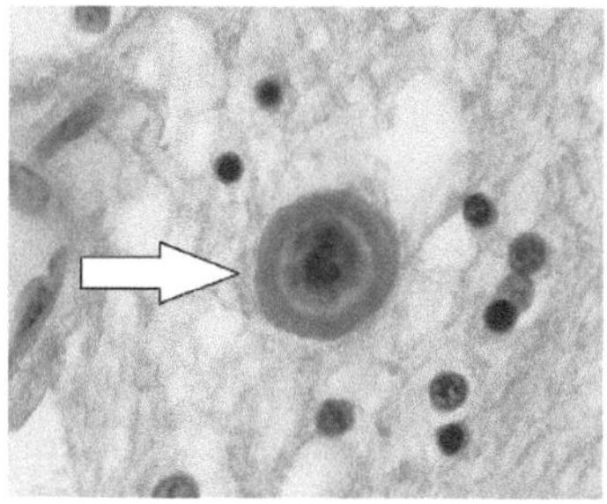

Sustancia blanca [i46]

Circuitos neuronales

Redes complejas de células nerviosas interconectadas por sinapsis que forman la base para el procesamiento de información y comportamiento. La activación de circuitos neuronales específicos puede ser influenciada por diversas actividades, incluido el consumo de medios.

Morfológico

Se refiere a la forma y estructura del cerebro y sus componentes. Los cambios morfológicos pueden ser influenciados por diversos factores, incluido el uso de medios, y pueden afectar las funciones cognitivas.

Sistema de recompensa

Una red de estructuras cerebrales involucradas en el procesamiento de recompensas y motivación. El sistema de recompensa juega un papel importante en el comportamiento adictivo, ya que se activa por ciertos estímulos, como los 'me gusta' en las redes sociales.

Sustancia blanca

Tejido en el cerebro que consiste principalmente en fibras nerviosas y conecta diferentes regiones cerebrales. El desarrollo de la sustancia blanca juega un papel crucial en el procesamiento de información y funciones cognitivas.

Cerebro Digital: Consumo de Medios

Desglose del consumo de medios que impacta la función cerebral.

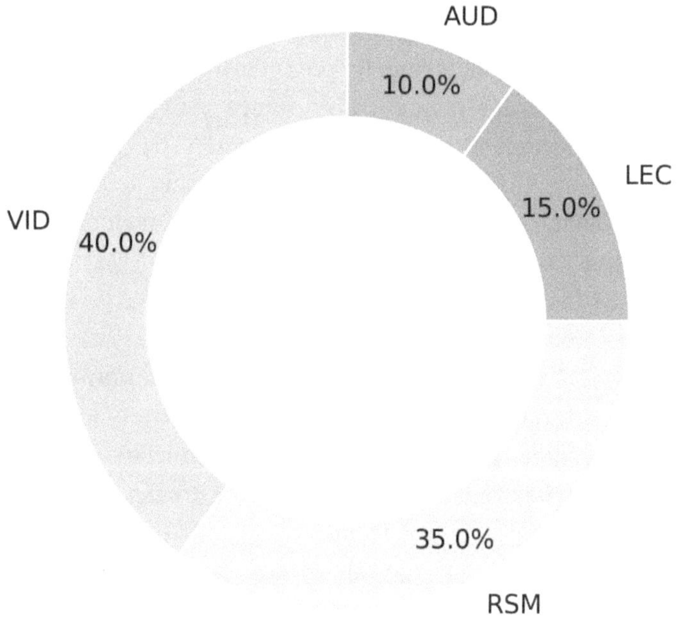

AUD: Audio (Música, Podcasts)

LEC: Lectura (Libros, Artículos)

RSM: Redes Sociales

VID: Video (Streaming, TV)

Los medios visuales como el video y las redes sociales dominan el consumo, lo que sugiere un impacto potencial en los procesos cognitivos relacionados con la atención y el procesamiento de la información. Si bien la lectura tradicional sigue siendo relevante, su menor participación destaca un cambio hacia la ingesta de información visual. Esta distribución subraya la necesidad de realizar más investigaciones sobre los efectos a largo plazo de los diferentes tipos de medios en la plasticidad cerebral y la función cognitiva.

Procesamiento de la información

Nuestro cerebro procesa información constantemente, un proceso que se ve influenciado por el uso de tecnologías digitales [s156]. La recepción, procesamiento y recuerdo de información están limitados por nuestros recursos neuronales [s156]. Los medios digitales, especialmente a través de su diseño, compiten permanentemente por nuestra atención [s156]. Estas distracciones reducen los recursos disponibles para el procesamiento de información y pueden llevar a una recepción de información más superficial y a una disminución de la competencia lectora [s156]. No son las tecnologías en sí, sino la forma en que interactuamos con ellas, lo que influye en nuestras capacidades cognitivas. Un manejo consciente de los medios digitales, por ejemplo, a través de la desactivación intencionada de notificaciones, puede ayudar a gestionar la propia atención y optimizar el procesamiento de información. El uso simultáneo de diferentes medios, también conocido como multitasking, representa una carga especial para el procesamiento de información [s157]. Tres redes neuronales que trabajan en estrecha colaboración – la red de control frontoparietal, la red dorsal y la red de atención ventral – nos permiten enfocar nuestra atención y cambiar entre tareas [s157]. Sin embargo, el multitasking sobrecarga estas redes, ya que nuestro cerebro no está diseñado para el procesamiento paralelo de múltiples tareas [s157]. Cada cambio de tarea provoca lo que se denomina costos de cambio, que se manifiestan en una disminución de la velocidad de procesamiento y un aumento de la propensión a errores [s157]. Trabajar concentradamente en tareas individuales, por ejemplo, mediante la estructuración consciente del espacio de trabajo y la evitación de distracciones, fomenta un procesamiento efectivo de la información.

Capacidades cognitivas

Las capacidades cognitivas se refieren a los procesos mentales que nos permiten procesar información, aprender, pensar, razonar y resolver problemas. En el contexto del cerebro digital, estas capacidades pueden verse influenciadas por la forma en que se utilizan los medios.

Costos de cambio

Los costos de cambio se refieren al esfuerzo cognitivo que se produce al cambiar entre diferentes tareas. Se manifiestan en un tiempo de procesamiento más lento y una mayor tasa de errores.

Recursos neuronales

Los recursos neuronales describen la capacidad del cerebro para procesar y almacenar información. Son limitados y pueden verse comprometidos por distracciones constantes, como las que ofrecen los medios digitales.

Red de atención ventral

La red de atención ventral es una red en el cerebro responsable de la reacción a estímulos inesperados o relevantes. Dirige nuestra atención hacia nueva información.

Red de control frontoparietal

La red de control frontoparietal es una red en el cerebro que juega un papel importante en el control de la atención y la toma de decisiones. Se ve muy exigida durante el multitasking.

Velocidad de procesamiento de la información por tipo de medio

Velocidades de procesamiento relativas de diversos tipos de medios en el cerebro

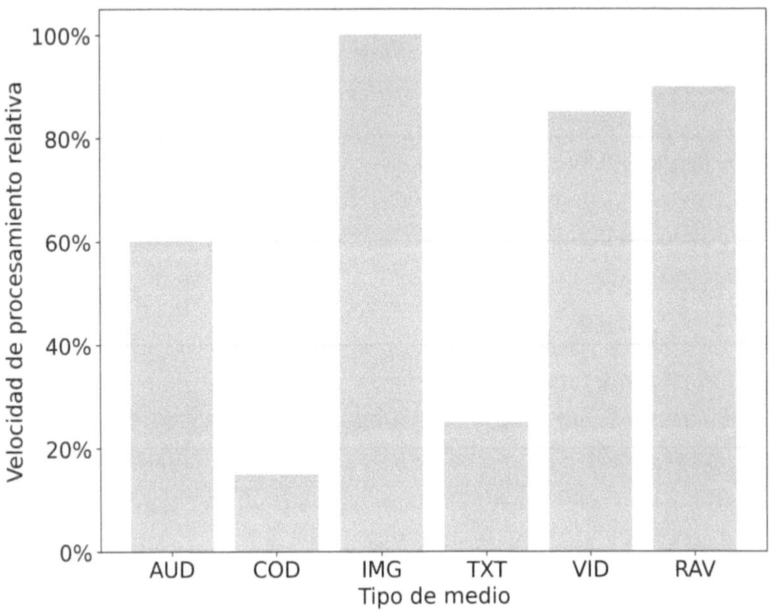

AUD: Audio

COD: Código

IMG: Imagen

RAV: Entorno de RV

TXT: Texto

VID: Vídeo

Los medios visuales como las imágenes y los videos se procesan significativamente más rápido que la información basada en texto. Esto sugiere que el contenido visual se puede absorber y recordar más fácilmente. Si bien la velocidad de procesamiento de la información de audio se encuentra entre los datos visuales y textuales, su rápido procesamiento destaca la eficacia de los métodos de aprendizaje auditivo. El procesamiento más lento del texto enfatiza el esfuerzo cognitivo requerido para la lectura y la comprensión.

Control de la atención

El control de la atención en la era digital describe la capacidad de mantener el enfoque a pesar de la constante avalancha de estímulos provocada por las tecnologías digitales. Sin embargo, esta capacidad es limitada [s158]. Las distracciones, como las notificaciones o las actualizaciones de redes sociales, interrumpen el flujo cognitivo y dificultan el almacenamiento de información en la memoria. Las personas que frecuentemente realizan multitareas son especialmente afectadas, ya que su atención ya está comprometida por el constante cambio de tareas [s158]. Las tecnologías digitales están diseñadas específicamente para captar nuestra atención, generando una competencia continua entre nuestro enfoque consciente y las reacciones automáticas a estímulos externos [s158]. Este conflicto de atención no solo influye en cuán efectivamente procesamos la información, sino también en cómo aprendemos de las tecnologías y, a su vez, cómo estas dirigen nuestra atención [s158]. Por lo tanto, un uso consciente de los medios digitales es crucial. Desactive, por ejemplo, las notificaciones durante períodos de trabajo concentrado para recuperar el control sobre su atención. El uso intensivo de tecnologías digitales puede acortar la atención y provocar síntomas que se asemejan al trastorno por déficit de atención e hiperactividad (TDAH) [s159]. El uso excesivo de Internet puede incluso activar mecanismos adictivos que también se asocian con síntomas de TDAH [s159]. A pesar de estos riesgos potenciales, las tecnologías digitales también ofrecen oportunidades. El uso específico de aplicaciones puede, por ejemplo, entrenar la memoria, mejorar ciertas habilidades de multitasking o proporcionar apoyo emocional a través de intervenciones en línea [s159]. El desafío radica en encontrar un equilibrio entre los aspectos positivos y negativos del mundo digital y utilizar las tecnologías de manera consciente para alcanzar los propios objetivos.

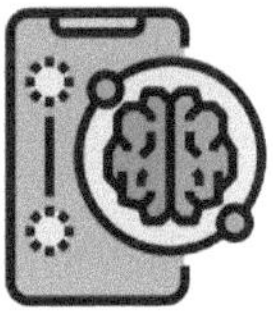

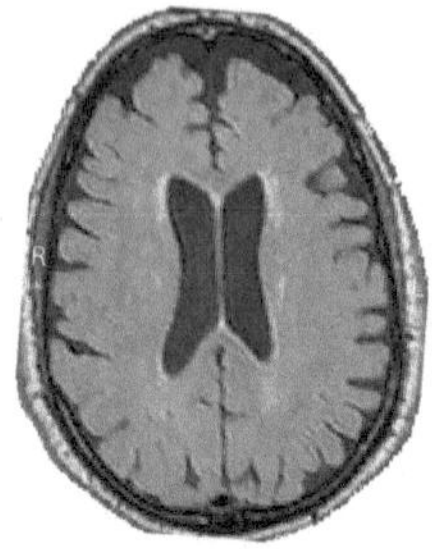

Intervención [i47]

Bueno saber

Atención

La atención describe la duración de tiempo durante la cual una persona puede concentrar su atención en un estímulo o tarea específica. En el contexto del mundo digital, se discute si y cómo los medios digitales influyen en la atención.

Cognitivo

Cognitivo se refiere a los procesos mentales relacionados con la percepción, el pensamiento, el aprendizaje, la memoria y la resolución de problemas. La investigación de los procesos cognitivos es una parte central de las neurociencias, especialmente en relación con el estudio de los efectos de las tecnologías digitales en el cerebro.

Intervención

Las intervenciones en el contexto de las neurociencias y el cerebro digital se refieren a medidas específicas que buscan cambiar o mejorar funciones cognitivas o comportamientos. Las tecnologías digitales pueden ser utilizadas para tales intervenciones, por ejemplo, a través de programas de entrenamiento o aplicaciones terapéuticas.

Periodos de atención

Comparación de los periodos de atención

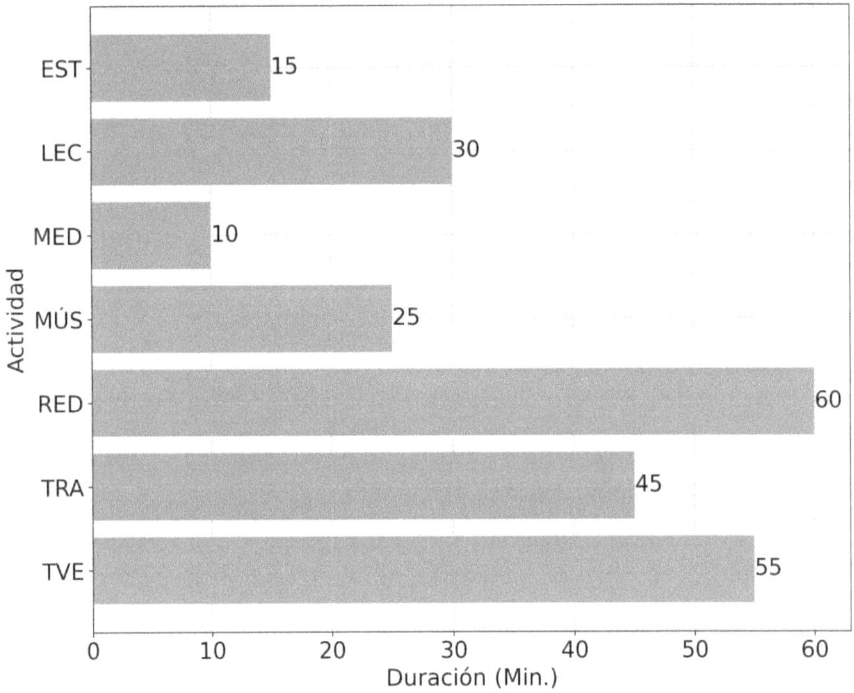

EST: Estudiar

LEC: Leer

MED: Meditación

MÚS: Escuchar música

RED: Redes sociales

TRA: Videojuegos

TVE: Ver televisión

El gráfico de barras horizontales ilustra los diferentes períodos de atención en diversas actividades. Las actividades enfocadas, como leer o trabajar, requieren y promueven un período de atención más largo, mientras que el consumo pasivo, como ver televisión o las redes sociales, conduce a períodos más cortos. Las tareas complejas requieren más atención que las rutinas simples.

Revisión - 5. Optimización cerebral

El capítulo "Optimización cerebral" examina diversas estrategias para aumentar la capacidad cognitiva, desde métodos de aprendizaje hasta técnicas de memoria, entrenamiento mental y la influencia de los medios digitales. Se hace evidente que el cerebro es un órgano dinámico cuya estructura y función pueden ser positivamente influenciadas por medidas específicas. En este contexto, la plasticidad neuronal, la capacidad del cerebro para adaptarse y establecer nuevas conexiones, juega un papel central. Los métodos y hallazgos presentados en el capítulo ofrecen una comprensión sólida de cómo puede desplegar su potencial cognitivo de manera óptima. Es especialmente relevante la importancia de estrategias de aprendizaje activas que van más allá del consumo pasivo de información y fomentan la interconexión del conocimiento.

Para implementar los conceptos presentados en el capítulo en la práctica, se recomienda un enfoque en múltiples etapas. En primer lugar, debe analizar sus necesidades y objetivos de aprendizaje individuales. A partir de esto, puede seleccionar estrategias de aprendizaje adecuadas e integrarlas en su vida diaria. Es importante establecer metas realistas y reflexionar y ajustar continuamente el proceso de aprendizaje. La integración de ejercicios de atención plena y un sueño adecuado puede apoyar adicionalmente la consolidación de la memoria y la capacidad de concentración. Al utilizar medios digitales, es fundamental mantener un uso consciente y minimizar posibles efectos negativos como el multitasking y el consumo excesivo. En su lugar, debe aprovechar las ventajas de las tecnologías digitales para el aprendizaje personalizado y el entrenamiento cognitivo. Considerar su "zona de desarrollo próximo" le permite enfrentarse constantemente a nuevos desafíos y ampliar continuamente sus habilidades cognitivas.

Sin embargo, los métodos de optimización cerebral descritos en el capítulo también presentan desafíos. La efectividad de los programas de entrenamiento cognitivo a menudo se limita a las habilidades entrenadas y los efectos a largo plazo aún no se han investigado completamente. La creciente difusión de tecnologías digitales conlleva el riesgo de distracción, sobrecarga de información y comportamientos adictivos. Por lo tanto, es esencial cuestionar críticamente los hallazgos presentados en el capítulo y mantener un enfoque responsable hacia los métodos propuestos. Un enfoque unilateral en el aumento del rendimiento puede llevar al estrés y la sobrecarga, afectando la alegría de aprender. Por lo tanto, es indispensable un enfoque holístico que considere no solo los aspectos cognitivos, sino también factores emocionales y sociales.

En conclusión, se puede afirmar que el capítulo "Optimización cerebral" ofrece valiosas perspectivas sobre el funcionamiento del cerebro y las posibilidades de mejora cognitiva. Los métodos y hallazgos presentados pueden ayudarle a desplegar su potencial de aprendizaje y aumentar su capacidad mental. Al mismo tiempo, es importante considerar los límites y desafíos de la optimización cerebral y seguir un enfoque equilibrado que tenga en cuenta tanto las necesidades individuales como las implicaciones éticas. La investigación futura debería centrarse más en los efectos a largo plazo del entrenamiento cognitivo, el desarrollo de intervenciones adecuadas a la edad y la influencia de las tecnologías digitales en el desarrollo cognitivo. Una comprensión más profunda de estas complejas interrelaciones es crucial para utilizar de manera responsable y sostenible los potenciales de la optimización cerebral.

Ofertas adicionales gratuitas planificadas

Nos complace poder ofrecerle en el futuro materiales complementarios gratuitos para este libro:

- Un capítulo bonus exclusivo con contenido adicional
- Un resumen compacto de todo el libro en formato PDF
- Una versión de radioteatro (En Planificación)

Se prevé que estos materiales se publiquen en 2025.
Le invitamos a visitar nuestro sitio web hoy mismo. Cuando se lance nuestro servicio de boletín (previsto para 2025), podrá registrarse para recibir actualizaciones y no perderse ninguna novedad sobre las ofertas adicionales gratuitas.

www.SaageBooks.com/es/
investigacion_cerebral_y_neurociencias-bonus-BAJ7BRV

Estimados lectores,

Nos sentimos profundamente honrados de que hayan dedicado tiempo a leer nuestro libro de principio a fin. Nuestro mayor deseo es proporcionarles ideas valiosas y orientación práctica. Su confianza en nuestro trabajo significa mucho para nosotros. Esperamos que la lectura haya sido enriquecedora para ustedes. Si tienen alguna pregunta o sugerencia, no duden en contactarnos a través de nuestro sitio web.

Si han disfrutado de este libro, agradeceríamos enormemente una reseña honesta. Pueden dejar fácilmente su valoración honesta en la plataforma de venta donde compraron el libro.
¡Gracias por su apoyo!

Bendis Saage

Saage Media GmbH - Equipo

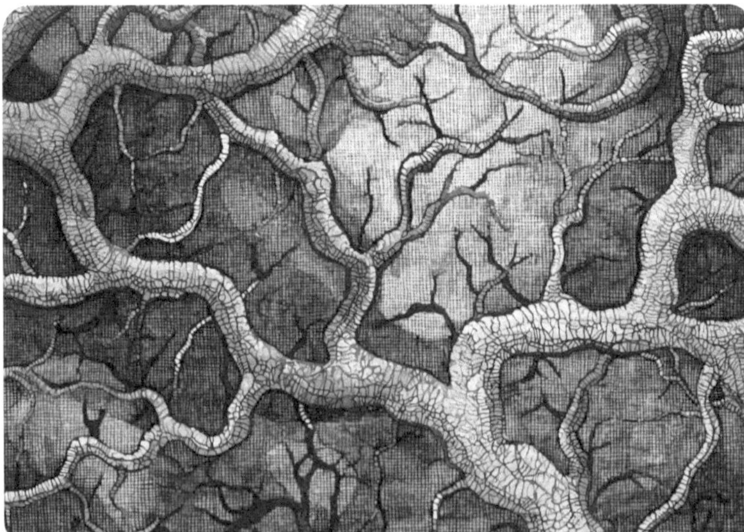

www.SaageBooks.com/es

¡Descubre más! Nuestro sitio web editorial te ofrece una variada selección de libros adicionales. Además de contenido gratuito y materiales exclusivos de bonificación, encontrarás información detallada sobre nuestras obras. Explora nuestra extensa oferta digital y déjate inspirar por experiencias adicionales de lectura.

www.SaageBooks.com/es

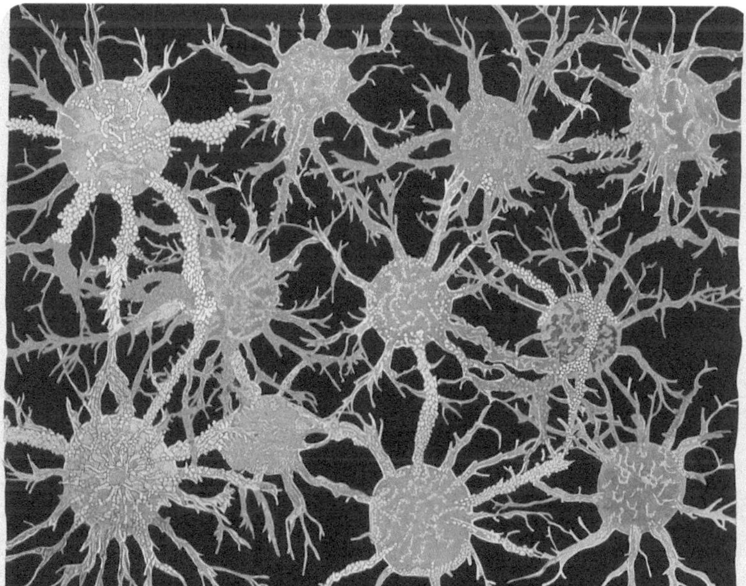

Fuentes

Nuestro sincero agradecimiento a todos los autores de las fuentes científicas y no científicas citadas, a los operadores de los sitios web referenciados y a los creadores de las imágenes, gráficos y estudios utilizados, cuyo valioso trabajo ha contribuido a la creación de este libro.

Para más información, le recomendamos visitar los sitios web de las fuentes.

Si descubre errores de asignación u otras inconsistencias, por favor contáctenos.

Todas las fuentes fueron consultadas por última vez el: 2025-02-13

[s1] - https://pmc.ncbi.nlm.nih.gov/articles/PMC2989000/

Autor:	Joan Stiles, Terry L Jernigan	**Título:**	The Basics of Brain Development
por:	University of California, San Diego	**DOI:**	10.1007/s11065-010-9148-4
Fecha:	2010 Nov 3	**Sitio web:**	PubMed Central (PMC)
Editorial:	Neuropsychology Review		

[s2] - https://pmc.ncbi.nlm.nih.gov/articles/PMC3222570/

Autor:	Bryan Kolb, Robbin Gibb	**Título:**	Brain Plasticity and Behaviour in the Developing Brain
por:	University of Lethbridge	**Fecha:**	2011 Nov
Sitio web:	PubMed Central (PMC)	**Editorial:**	Journal of the Canadian Academy of Child and Adolescent Psychiatry

[s3] - https://pmc.ncbi.nlm.nih.gov/articles/PMC6680650/

Autor:	Shelly J Lane, Zoe Mailloux, Sarah Schoen, Anita Bundy, Teresa A May-Benson, L Diane Parham, Susanne Smith Roley, Roseann C Schaaf	**Título:**	Neural Foundations of Ayres Sensory Integration®
DOI:	10.3390/brainsci9070153	**Fecha:**	2019 Jun 28
Sitio web:	PubMed Central (PMC)	**Editorial:**	MDPI

[s4] - https://braininitiative.nih.gov/news-events/blog/upcoming-funding-opportunity-brain-connects-data-coordinating-centers

Título:	Upcoming funding opportunity: BRAIN CONNECTS Data Coordinating Centers | BRAIN Initiative	**por:**	BRAIN Initiative
Sitio web:	BRAIN Initiative		

[s5] - https://grants.nih.gov/grants/guide/notice-files/NOT-NS-22-046.html

Título:	NOT-NS-22-046: Notice of Intent to Publish a Funding Opportunity Announcement for BRAIN Initiative Connectivity across Scales (BRAIN CONNECTS): Comprehensive Centers for Mouse Brain (UM1 Clinical Trial Not Allowed)	**por:**	National Institutes of Health (NIH)
Fecha:	December 02, 2021	**Sitio web:**	NIH Guide for Grants and Contracts
Editorial:	NIH		

[s6] - https://grants.nih.gov/grants/guide/notice-files/NOT-NS-22-045.html

Título:	NOT-NS-22-045: Notice of Intent to Publish a Funding Opportunity Announcement for BRAIN Initiative Connectivity across Scales (BRAIN CONNECTS): Comprehensive Centers for Human and Non-Human Primate Brain (UM1 Clinical Trial Not Allowed)	**por:**	National Institutes of Health (NIH)
Fecha:	December 02, 2021	**Sitio web:**	grants.nih.gov
Editorial:	NIH		

[s7] -
https://www.ninds.nih.gov/news-events/news/highlights-announcements/nih-brain-initiative-launches-projects-develop-innovative-technologies-map-brain-incredible-detail

Título:	NIH BRAIN Initiative launches projects to develop innovative technologies to map the brain in incredible detail	**por:**	National Institute of Neurological Disorders and Stroke (NINDS)
Sitio web:	National Institute of Neurological Disorders and Stroke	**Editorial:**	National Institutes of Health (NIH)

[s8] - https://pmc.ncbi.nlm.nih.gov/articles/PMC5725393/

Autor:	Talia N Lerner, Li Ye, Karl Deisseroth	**Título:**	Communication in Neural Circuits: Tools, Opportunities, and Challenges
por:	Stanford University; Howard Hughes Medical Institute	**DOI:**	10.1016/j.cell.2016.02.027
Fecha:	2016 Mar 10	**Sitio web:**	PubMed Central (PMC)
Editorial:	Cell		

[s9] - https://www.nih.gov/news-events/nih-research-matters/complete-wiring-map-insect-brain

Título:	Complete wiring map of the insect brain	**por:**	National Institutes of Health (NIH)
Fecha:	2023-03-27T14:34:42-04:00	**Sitio web:**	NIH Research Matters
Editorial:	NIH		

[s10] - https://pmc.ncbi.nlm.nih.gov/articles/PMC10410470/

Autor:	Sruthi Sridhar, Abdulrahman Khamaj, Manish Kumar Asthana	**Título:**	Cognitive neuroscience perspective on memory: overview and summary
DOI:	10.3389/fnhum.2023.1217093	**Fecha:**	2023 Jul 26
Sitio web:	PMC (PubMed Central)	**Editorial:**	Frontiers in Human Neuroscience

[s11] - https://pmc.ncbi.nlm.nih.gov/articles/PMC9775149/
Autor: Hagar Goldberg
Título: Growing Brains, Nurturing Minds—Neuroscience as an Educational Tool to Support Students' Development as Life-Long Learners
por: University of British Columbia
DOI: 10.3390/brainsci12121622
Fecha: 2022 Nov 26
Sitio web: PubMed Central (PMC)
Editorial: Brain Sciences

[s12] - https://pmc.ncbi.nlm.nih.gov/articles/PMC6372234/
Autor: Keith J Yoder, Jean Decety
Título: The neuroscience of morality and social decision-making
por: University of Chicago
DOI: 10.1080/1068316X.2017.1414817
Fecha: 2017 Dec 12
Sitio web: PubMed Central (PMC)

[s13] - https://pmc.ncbi.nlm.nih.gov/articles/PMC3409833/
Autor: Denise C Park, Chih-Mao Huang
Título: Culture Wires the Brain: A Cognitive Neuroscience Perspective
por: Center for Vital Longevity, University of Texas at Dallas; Department of Psychology, University of Illinois at Urbana-Champaign
DOI: 10.1177/1745691610374591
Fecha: 2010 Jul 1
Sitio web: PubMed Central (PMC)
Editorial: Perspectives on psychological science : a journal of the Association for Psychological Science

---

[s14] - https://pmc.ncbi.nlm.nih.gov/articles/PMC2894679/
Autor: Joan Y Chiao
Título: At the frontier of cultural neuroscience: Introduction to the special issue
por: Department of Psychology and Interdepartmental Neuroscience Program, Northwestern University, IL, USA
DOI: 10.1093/scan/nsq064
Fecha: 2010 Jun 26
Sitio web: PubMed Central (PMC)
Editorial: Social Cognitive and Affective Neuroscience

[s15] - https://pmc.ncbi.nlm.nih.gov/articles/PMC3722610/
Autor: Adrienne L Tierney, Charles A Nelson, III
Título: Brain Development and the Role of Experience in the Early Years
por: Harvard Graduate School of Education, Children's Hospital Boston Harvard Medical School
Fecha: 2009 Nov 1
Sitio web: PubMed Central (PMC)

[s16] - https://pmc.ncbi.nlm.nih.gov/articles/PMC2947444/
Autor: Patricia K Kuhl
Título: Brain Mechanisms in Early Language Acquisition
por: Institute for Learning & Brain Sciences, University of Washington
DOI: 10.1016/j.neuron.2010.08.038
Fecha: 2010 Sep 9
Sitio web: PubMed Central (PMC)
Editorial: Neuron

[s17] - https://pmc.ncbi.nlm.nih.gov/articles/PMC10410470/

Autor:	Sruthi Sridhar, Abdulrahman Khamaj, Manish Kumar Asthana	**Título:**	Cognitive neuroscience perspective on memory: overview and summary
DOI:	10.3389/fnhum.2023.1217093	**Fecha:**	2023 Jul 26
Sitio web:	PubMed Central (PMC)	**Editorial:**	Frontiers in Human Neuroscience

[s18] - https://pmc.ncbi.nlm.nih.gov/articles/PMC4374359/

Autor:	Mark D'Esposito, Bradley R Postle	**Título:**	THE COGNITIVE NEUROSCIENCE OF WORKING MEMORY
por:	National Center for Biotechnology Information (NCBI)	**DOI:**	10.1146/annurev-psych-010814-015031
Fecha:	2014 Sep 19	**Sitio web:**	PubMed Central (PMC)
Editorial:	Annual review of psychology		

[s19] - https://pmc.ncbi.nlm.nih.gov/articles/PMC2805706/

Autor:	Fernando Gómez-Pinilla	**Título:**	Brain foods: the effects of nutrients on brain function
por:	University of California at Los Angeles School of Medicine	**DOI:**	10.1038/nrn2421
Fecha:	2008 Jul	**Sitio web:**	PubMed Central (PMC)
Editorial:	Nature reviews. Neuroscience		

[s20] - https://pmc.ncbi.nlm.nih.gov/articles/PMC6372234/

Autor:	Keith J Yoder, Jean Decety	**Título:**	The neuroscience of morality and social decision-making
por:	University of Chicago	**DOI:**	10.1080/1068316X.2017.1414817
Fecha:	2017 Dec 12	**Sitio web:**	PubMed Central (PMC)

[s21] - https://pmc.ncbi.nlm.nih.gov/articles/PMC3700582/

Autor:	Jon Morgenstern, Nasir H Naqvi, Robert Debellis, Hans C Breiter	**Título:**	The Contributions of Cognitive Neuroscience and Neuroimaging to Understanding Mechanisms of Behavior Change in Addiction
por:	Department of Psychiatry, Columbia University; Department of Psychiatry, Harvard Medical School and Northwestern University	**DOI:**	10.1037/a0032435
Fecha:	2013 Apr 15	**Sitio web:**	PubMed Central (PMC)

[s22] -
https://nida.nih.gov/about-nida/organization/divisions/division-neuroscience-behavior-dnb/behavioral-cognitive-science-research-branch-bcsrb

por:	National Institute on Drug Abuse (NIDA)	**Sitio web:**	nida.nih.gov
Editorial:	National Institutes of Health		

[s23] - https://pmc.ncbi.nlm.nih.gov/articles/PMC4887467/

Autor:	Andrea Lavazza	**Título:**	Free Will and Neuroscience: From Explaining Freedom Away to New Ways of Operationalizing and Measuring It
por:	Neuroethics, Centro Universitario Internazionale, Arezzo, Italy	**DOI:**	10.3389/fnhum.2016.00262
Fecha:	2016 Jun 1	**Sitio web:**	PubMed Central (PMC)
Editorial:	Frontiers in Human Neuroscience		

[s24] - https://pmc.ncbi.nlm.nih.gov/articles/PMC4387507/

Autor:	Lyric A Jorgenson, William T Newsome, David J Anderson, Cornelia I Bargmann, Emery N Brown, Karl Deisseroth, John P Donoghue, Kathy L Hudson, Geoffrey S F Ling, Peter R MacLeish, Eve Marder, Richard A Normann, Joshua R Sanes, Mark J Schnitzer, Terrence J Sejnowski, David W Tank, Roger Y Tsien, Kamil Ugurbil, John C Wingfield	**Título:**	The BRAIN Initiative: developing technology to catalyse neuroscience discovery
DOI:	10.1098/rstb.2014.0164	**Fecha:**	2015 May 19
Sitio web:	PubMed Central (PMC)	**Editorial:**	Philosophical Transactions of the Royal Society B: Biological Sciences

[s25] - https://pmc.ncbi.nlm.nih.gov/articles/PMC10425702/

Autor:	Jitesh Kumar, Tirath Patel, Fnu Sugandh, Jyotishna Dev, Umesh Kumar, Maham Adeeb, Meet Popatbhai Kachhadia, Piyush Puri, FNU Prachi, Mohammad Uzair Zaman, Satesh Kumar, Giustino Varrassi, Abdul Rehman Shah Syed	**Título:**	Innovative Approaches and Therapies to Enhance Neuroplasticity and Promote Recovery in Patients With Neurological Disorders: A Narrative Review
DOI:	10.7759/cureus.41914	**Fecha:**	2023 Jul 15
Sitio web:	PubMed Central (PMC)	**Editorial:**	Cureus

[s26] - https://pmc.ncbi.nlm.nih.gov/articles/PMC5836039/

Autor:	Betsy Ng	**Título:**	The Neuroscience of Growth Mindset and Intrinsic Motivation
por:	National Institute of Education, Nanyang Technological University	**DOI:**	10.3390/brainsci8020020
Fecha:	2018 Jan 26	**Sitio web:**	PubMed Central (PMC)
Editorial:	Brain Sciences		

[s27] - https://pmc.ncbi.nlm.nih.gov/articles/PMC9775149/

Autor:	Hagar Goldberg	**Título:**	Growing Brains, Nurturing Minds—Neuroscience as an Educational Tool to Support Students' Development as Life-Long Learners
por:	University of British Columbia	**DOI:**	10.3390/brainsci12121622
Fecha:	2022 Nov 26	**Sitio web:**	PubMed Central (PMC)
Editorial:	Brain Sciences		

[s28] - https://www.nimh.nih.gov/health/topics/brain-stimulation-therapies/brain-stimulation-therapies

Título:	Brain Stimulation Therapies	**por:**	National Institute of Mental Health (NIMH)
Sitio web:	National Institute of Mental Health (NIMH)		

[s29] - https://pmc.ncbi.nlm.nih.gov/articles/PMC4892319/

Autor: Hengameh Marzbani, Hamid Reza Marateb, Marjan Mansourian
Título: Neurofeedback: A Comprehensive Review on System Design, Methodology and Clinical Applications
DOI: 10.15412/J.BCN.03070208
Fecha: 2016 Apr
Sitio web: PubMed Central (PMC)
Editorial: Basic and Clinical Neuroscience

[s30] - https://pmc.ncbi.nlm.nih.gov/articles/PMC2989000/

Autor: Joan Stiles, Terry L Jernigan
Título: The Basics of Brain Development
por: University of California, San Diego; Departments of Psychiatry and Radiology, School of Medicine, University of California, San Diego
DOI: 10.1007/s11065-010-9148-4
Fecha: 2010 Nov 3
Sitio web: PubMed Central (PMC)
Editorial: Neuropsychology Review

[s31] - https://pmc.ncbi.nlm.nih.gov/articles/PMC3722610/

Autor: Adrienne L Tierney; Charles A Nelson, III
Título: Brain Development and the Role of Experience in the Early Years
por: Harvard Graduate School of Education; Children's Hospital Boston Harvard Medical School
Fecha: 2009 Nov 1
Sitio web: PubMed Central (PMC)
Editorial: Zero to three

[s32] - https://pmc.ncbi.nlm.nih.gov/articles/PMC3222570/

Autor: Bryan Kolb, Robbin Gibb
Título: Brain Plasticity and Behaviour in the Developing Brain
por: University of Lethbridge
Fecha: 2011 Nov
Sitio web: PubMed Central (PMC)
Editorial: Journal of the Canadian Academy of Child and Adolescent Psychiatry

[s33] - https://pmc.ncbi.nlm.nih.gov/articles/PMC2777887/

Autor: Barbara L Thompson, Pat Levitt, Gregg D Stanwood
Título: Prenatal exposure to drugs: effects on brain development and implications for policy and education
por: Vanderbilt University
DOI: 10.1038/nrn2598
Fecha: 2009 Mar 11
Sitio web: PubMed Central (PMC)
Editorial: Nature reviews. Neuroscience

[s34] - https://pmc.ncbi.nlm.nih.gov/articles/PMC3252200/

Autor: Chia-Shan Wu, Christopher P Jew, Hui-Chen Lu
Título: Lasting impacts of prenatal cannabis exposure and the role of endogenous cannabinoids in the developing brain
por: The Cain Foundation Laboratories, Jan & Dan Duncan Neurological Research Institute at Texas Children's Hospital, Baylor College of Medicine
DOI: 10.2217/fnl.11.27
Fecha: 2011 Jul 1
Sitio web: PubMed Central (PMC)
Editorial: Future neurology

[s35] - https://pmc.ncbi.nlm.nih.gov/articles/PMC3722610/
Autor: Adrienne L Tierney, Charles A Nelson, III
Título: Brain Development and the Role of Experience in the Early Years
por: Harvard Graduate School of Education, Children's Hospital Boston Harvard Medical School
Fecha: 2009 Nov 1
Sitio web: PubMed Central (PMC)

[s36] - https://pmc.ncbi.nlm.nih.gov/articles/PMC2846084/
Autor: Sharon E Fox, Pat Levitt, Charles A Nelson, III
Título: How the Timing and Quality of Early Experiences Influence the Development of Brain Architecture
por: Harvard-MIT Division of Health Sciences and Technology; Vanderbilt University; Children's Hospital Boston, Harvard Medical School
DOI: 10.1111/j.1467-8624.2009.01380.x
Fecha: 2010 Jan-Feb
Sitio web: PubMed Central (PMC)
Editorial: Child development

[s37] - https://pmc.ncbi.nlm.nih.gov/articles/PMC2892678/
Autor: Sara B Johnson, Robert W Blum, Jay N Giedd
Título: Adolescent Maturity and the Brain: The Promise and Pitfalls of Neuroscience Research in Adolescent Health Policy
DOI: 10.1016/j.jadohealth.2009.05.016
Fecha: 2009 Sep
Sitio web: PubMed Central (PMC)
Editorial: The Journal of adolescent health : official publication of the Society for Adolescent Medicine

---

[s38] - https://pmc.ncbi.nlm.nih.gov/articles/PMC4308474/
Autor: Katie A McLaughlin, Margaret A Sheridan, Hilary K Lambert
Título: Childhood Adversity and Neural Development: Deprivation and Threat as Distinct Dimensions of Early Experience
DOI: 10.1016/j.neubiorev.2014.10.012
Fecha: 2014 Nov
Sitio web: PubMed Central (PMC)

[s39] - https://pmc.ncbi.nlm.nih.gov/articles/PMC3722610/
Autor: Adrienne L Tierney, Charles A Nelson, III
Título: Brain Development and the Role of Experience in the Early Years
Fecha: 2009 Nov 1
Sitio web: PubMed Central (PMC)
Editorial: Zero to three

[s40] - https://pmc.ncbi.nlm.nih.gov/articles/PMC10149040/
Autor: Kelly C Martin, W Tyler Ketchabaw, Peter E Turkeltaub
Título: Plasticity of the language system in children and adults
por: Center for Brain Plasticity and Recovery, Georgetown University Medical Center; Research Division, MedStar National Rehabilitation Hospital
DOI: 10.1016/B978-0-12-819410-2.00021-7
Fecha: 2022
Sitio web: PubMed Central (PMC)
Editorial: Handbook of clinical neurology

[s41] - https://pmc.ncbi.nlm.nih.gov/articles/PMC2846084/

Autor:	Sharon E Fox, Pat Levitt, Charles A Nelson, III	**Título:**	How the Timing and Quality of Early Experiences Influence the Development of Brain Architecture
por:	Harvard-MIT Division of Health Sciences and Technology, Vanderbilt University, Children's Hospital Boston, Harvard Medical School	**DOI:**	10.1111/j.1467-8624.2009.01380.x
Fecha:	2010 Jan-Feb	**Sitio web:**	PubMed Central (PMC)
Editorial:	Child development		

[s42] - https://pmc.ncbi.nlm.nih.gov/articles/PMC3705203/

Autor:	Kerstin Konrad, Christine Firk, Peter J Uhlhaas	**Título:**	Brain Development During Adolescence: Neuroscientific Insights Into This Developmental Period
DOI:	10.3238/arztebl.2013.0425	**Fecha:**	2013 Jun 21
Sitio web:	PubMed Central (PMC)	**Editorial:**	Deutsches Ärzteblatt International

[s43] - https://pmc.ncbi.nlm.nih.gov/articles/PMC3621648/

Autor:	Mariam Arain, Maliha Haque, Lina Johal, Puja Mathur, Wynand Nel, Afsha Rais, Ranbir Sandhu, Sushil Sharma	**Título:**	Maturation of the adolescent brain
por:	Saint James School of Medicine, Kralendijk, Bonaire, The Netherlands	**DOI:**	10.2147/NDT.S39776
Fecha:	2013 Apr 3	**Sitio web:**	PubMed Central (PMC)
Editorial:	Neuropsychiatric Disease and Treatment		

[s44] - https://pmc.ncbi.nlm.nih.gov/articles/PMC2892678/

Autor:	Sara B Johnson, Robert W Blum, Jay N Giedd	**Título:**	Adolescent Maturity and the Brain: The Promise and Pitfalls of Neuroscience Research in Adolescent Health Policy
DOI:	10.1016/j.jadohealth.2009.05.016	**Fecha:**	2009 Sep
Sitio web:	PubMed Central (PMC)	**Editorial:**	The Journal of adolescent health : official publication of the Society for Adolescent Medicine

[s45] - https://www.ncbi.nlm.nih.gov/pmc/articles/PMC8902218/

Autor:	Kiki Zanolie, Ili Ma, Marieke G N Bos, Elisabeth Schreuders, Annelinde R E Vandenbroucke, Jorien van Hoorn, Anna C K van Duijvenvoorde, Lara Wierenga, Eveline A Crone, Berna Güroğlu	**Título:**	Understanding the Dynamics of the Developing Adolescent Brain Through Team Science
DOI:	10.3389/fnint.2022.827097	**Fecha:**	2022 Feb 22
Sitio web:	PubMed Central (PMC)	**Editorial:**	Frontiers in Integrative Neuroscience

[s46] - https://pmc.ncbi.nlm.nih.gov/articles/PMC2892678/

Autor:	Sara B Johnson, Robert W Blum, Jay N Giedd	**Título:**	Adolescent Maturity and the Brain: The Promise and Pitfalls of Neuroscience Research in Adolescent Health Policy
por:	Johns Hopkins School of Medicine, Department of Pediatrics Johns Hopkins Bloomberg School of Public Health, Department of Population, Family & Reproductive Health, Baltimore, Maryland & National Institute of Mental Health, Child Psychiatry Branch, Unit on Brain Imaging, Bethesda, Maryland	**DOI:**	10.1016/j.jadohealth.2009.05.016
Fecha:	2009 Sep	**Sitio web:**	PubMed Central (PMC)
Editorial:	The Journal of adolescent health : official publication of the Society for Adolescent Medicine		

[s47] - https://pmc.ncbi.nlm.nih.gov/articles/PMC3930618/

Autor:	Joanna Jacobus, Susan F Tapert	**Título:**	Effects of Cannabis on the Adolescent Brain
por:	VA San Diego Healthcare System, University of California, San Diego	**DOI:**	10.2174/13816128113199990426
Fecha:	2014	**Sitio web:**	PubMed Central (PMC)
Editorial:	Current pharmaceutical design		

[s48] - https://pmc.ncbi.nlm.nih.gov/articles/PMC9775149/

Autor:	Hagar Goldberg	**Título:**	Growing Brains, Nurturing Minds—Neuroscience as an Educational Tool to Support Students' Development as Life-Long Learners
por:	University of British Columbia	**DOI:**	10.3390/brainsci12121622
Fecha:	2022 Nov 26	**Sitio web:**	PubMed Central (PMC)
Editorial:	Brain Sciences		

[s49] - https://www.ncbi.nlm.nih.gov/books/NBK53414/

Autor:	Institute of Medicine (US) and National Research Council (US) Committee on the Science of Adolescence	**Título:**	Biobehavioral Processes
por:	National Institutes of Health	**Fecha:**	2011
Sitio web:	NCBI Bookshelf	**Editorial:**	National Academies Press (US)

[s50] - https://pmc.ncbi.nlm.nih.gov/articles/PMC3399589/

Autor:	Ken C Winters, Amelia Arria	**Título:**	Adolescent Brain Development and Drugs
por:	University of Minnesota Medical School, Treatment Research Institute, University of Maryland, School of School of Public Health	**Fecha:**	2011
Sitio web:	PubMed Central (PMC)	**Editorial:**	The prevention researcher

[s51] - https://pmc.ncbi.nlm.nih.gov/articles/PMC5649212/

Autor:	Patrice Voss, Maryse E Thomas, J Miguel Cisneros-Franco, Étienne de Villers-Sidani	**Título:**	Dynamic Brains and the Changing Rules of Neuroplasticity: Implications for Learning and Recovery
por:	Department of Neurology and Neurosurgery, Montreal Neurological Institute, McGill University, Montreal, QC, Canada	**DOI:**	10.3389/fpsyg.2017.01657
Fecha:	2017 Oct 4	**Sitio web:**	PubMed Central (PMC)
Editorial:	Frontiers in Psychology		

[s52] - https://pmc.ncbi.nlm.nih.gov/articles/PMC3722610/

Autor:	Adrienne L Tierney, Charles A Nelson, III	**Título:**	Brain Development and the Role of Experience in the Early Years
Fecha:	2009 Nov 1	**Sitio web:**	PubMed Central (PMC)
Editorial:	Zero to three		

[s53] - https://pmc.ncbi.nlm.nih.gov/articles/PMC9775149/

Autor:	Hagar Goldberg	**Título:**	Growing Brains, Nurturing Minds—Neuroscience as an Educational Tool to Support Students' Development as Life-Long Learners
por:	University of British Columbia	**DOI:**	10.3390/brainsci12121622
Fecha:	2022 Nov 26	**Sitio web:**	PubMed Central (PMC)
Editorial:	Brain Sciences		

[s54] - https://pmc.ncbi.nlm.nih.gov/articles/PMC3222570/

Autor:	Bryan Kolb, Robbin Gibb	**Título:**	Brain Plasticity and Behaviour in the Developing Brain
Fecha:	2011 Nov	**Sitio web:**	PubMed Central (PMC)
Editorial:	Journal of the Canadian Academy of Child and Adolescent Psychiatry		

[s55] - https://pmc.ncbi.nlm.nih.gov/articles/PMC7613141/

Autor:	Diya Chatterjee, Shantala Hegde, Michael Thaut	**Título:**	Neural plasticity: The substratum of music-based interventions in neurorehabilitation
por:	National Institute of Mental Health and Neuro Sciences; University of Toronto	**DOI:**	10.3233/NRE-208011
Fecha:	2021 Jan 1	**Sitio web:**	PubMed Central (PMC)
Editorial:	NeuroRehabilitation		

[s56] - https://pmc.ncbi.nlm.nih.gov/articles/PMC3622463/

Autor:	Denise C Park, Gérard N Bischof	**Título:**	The aging mind: neuroplasticity in response to cognitive training
por:	The Center for Vital Longevity, School of Brain and Behavioral Sciences, University of Texas at Dallas, Texas, USA	**DOI:**	10.31887/DCNS.2013.15.1/dpark
Fecha:	2013 Mar	**Sitio web:**	PubMed Central (PMC)
Editorial:	Dialogues in Clinical Neuroscience		

[s57] - https://pmc.ncbi.nlm.nih.gov/articles/PMC3335430/

Autor:	Richard L Bryck, Philip A Fisher	**Título:**	Training the Brain: Practical Applications of Neural Plasticity From the Intersection of Cognitive Neuroscience, Developmental Psychology, and Prevention Science
por:	University of Oregon and Oregon Social Learning Center	**DOI:**	10.1037/a0024657
Fecha:	2011 Jul 25	**Sitio web:**	PubMed Central (PMC)

[s58] - https://pmc.ncbi.nlm.nih.gov/articles/PMC7613141/

Autor:	Diya Chatterjee, Shantala Hegde, Michael Thaut	**Título:**	Neural plasticity: The substratum of music-based interventions in neurorehabilitation
por:	NIMHANS, National Institute of Mental Health and Neuro Sciences, University of Toronto	**DOI:**	10.3233/NRE-208011
Fecha:	2021 Jan 1	**Sitio web:**	PubMed Central (PMC)
Editorial:	NeuroRehabilitation		

[s59] - https://pmc.ncbi.nlm.nih.gov/articles/PMC10425702/

Autor:	Jitesh Kumar, Tirath Patel, Fnu Sugandh, Jyotishna Dev, Umesh Kumar, Maham Adeeb, Meet Popatbhai Kachhadia, Piyush Puri, FNU Prachi, Mohammad Uzair Zaman, Satesh Kumar, Giustino Varrassi, Abdul Rehman Shah Syed	**Título:**	Innovative Approaches and Therapies to Enhance Neuroplasticity and Promote Recovery in Patients With Neurological Disorders: A Narrative Review
por:	Ghulam Muhammad Mahar Medical College, American University of Antigua, Civil Hospital Karachi, Green City Hospital, TUTH (Tribhuvan University Teaching Hospital) Institute Of Medicine, Dow University of Health Sciences, PDU (Pandit Deendayal Upadhyay) Medical College, Adesh Institute of Medical Science and Research, Guru Teg Bahadur Hospital, Bacha Khan Medical College, Shaheed Mohtarma Benazir Bhutto Medical College, Paolo Procacci Foundation	**DOI:**	10.7759/cureus.41914
Fecha:	2023 Jul 15	**Sitio web:**	PubMed Central (PMC)
Editorial:	Cureus		

[s60] - https://pmc.ncbi.nlm.nih.gov/articles/PMC4026979/

Autor:	Eberhard Fuchs, Gabriele Flügge	**Título:**	Adult Neuroplasticity: More Than 40 Years of Research
por:	German Primate Center, Leibniz Institute for Primate Research; Department of Neurology, Medical School, University of Göttingen	**DOI:**	10.1155/2014/541870
Fecha:	2014 May 4	**Sitio web:**	PubMed Central (PMC)
Editorial:	Neural Plasticity		

[s61] - https://pmc.ncbi.nlm.nih.gov/articles/PMC10473303/
Autor: Nicholas Aderinto, Muili O AbdulBasit, Gbolahan Olatunji, Temilade Adejumo
Título: Exploring the transformative influence of neuroplasticity on stroke rehabilitation: a narrative review of current evidence
DOI: 10.1097/MS9.0000000000001137
Fecha: 2023 Aug 7
Sitio web: PubMed Central (PMC)
Editorial: Annals of Medicine and Surgery

[s62] - https://pmc.ncbi.nlm.nih.gov/articles/PMC6400842/
Autor: Pedro Mateos-Aparicio, Antonio Rodríguez-Moreno
Título: The Impact of Studying Brain Plasticity
por: University Pablo de Olavide, Seville, Spain
DOI: 10.3389/fncel.2019.00066
Fecha: 2019 Feb 27
Sitio web: PubMed Central (PMC)
Editorial: Frontiers in Cellular Neuroscience

[s63] - https://pmc.ncbi.nlm.nih.gov/articles/PMC2864527/
Autor: Bruce S McEwen, Peter J Gianaros
Título: Central role of the brain in stress and adaptation: Links to socioeconomic status, health, and disease
por: National Institutes of Health (NIH)
DOI: 10.1111/j.1749-6632.2009.05331.x
Fecha: 2010 Feb
Sitio web: PubMed Central (PMC)
Editorial: Annals of the New York Academy of Sciences

[s64] - https://pmc.ncbi.nlm.nih.gov/articles/PMC4430083/
Autor: Gottfried Schlaug
Título: Musicians and music making as a model for the study of brain plasticity
DOI: 10.1016/bs.pbr.2014.11.020
Fecha: 2015 Feb 11
Sitio web: PubMed Central (PMC)
Editorial: Progress in brain research

[s65] - https://pmc.ncbi.nlm.nih.gov/articles/PMC4694720/
Autor: Ann C Mckee, Daniel H Daneshvar
Título: The neuropathology of traumatic brain injury
por: VA Boston HealthCare System; Center for the Study of Traumatic Encephalopathy, Alzheimer's Disease Center, and Departments of Neurology and Pathology, Boston University School of Medicine, Boston, MA, USA
DOI: 10.1016/B978-0-444-52892-6.00004-0
Fecha: 2015
Sitio web: PubMed Central (PMC)
Editorial: Handbook of clinical neurology

[s66] - https://pmc.ncbi.nlm.nih.gov/articles/PMC4311997/
Autor: David W Wright, Tamara R Espinoza, Lisa H Merck, Jonathan J Ratcliff, Anika Backster, Donald G Stein
Título: Gender Differences in Neurological Emergencies Part II: A Consensus Summary and Research Agenda on Traumatic Brain Injury
DOI: 10.1111/acem.12532
Fecha: 2014 Nov 24
Sitio web: PubMed Central (PMC)
Editorial: Academic emergency medicine : official journal of the Society for Academic Emergency Medicine

[s67] -
https://www.ninds.nih.gov/about-ninds/strategic-plans-evaluations/strategic-plans/ninds-strategic-plan-and-priorities/neuroscience-research

Título:	Neuroscience Research	**por:**	National Institute of Neurological Disorders and Stroke (NINDS)
Sitio web:	National Institute of Neurological Disorders and Stroke	**Editorial:**	National Institutes of Health (NIH)

[s68] - https://pmc.ncbi.nlm.nih.gov/articles/PMC10598326/

Autor:	Vaishnavi Zotey, Amol Andhale, Tejas Shegekar, Anup Juganavar	**Título:**	Adaptive Neuroplasticity in Brain Injury Recovery: Strategies and Insights
por:	Jawaharlal Nehru Medical College, Datta Meghe Institute of Higher Education and Research, Wardha, IND	**DOI:**	10.7759/cureus.45873
Fecha:	2023 Sep 24	**Sitio web:**	PubMed Central (PMC)
Editorial:	Cureus		

[s69] - https://pmc.ncbi.nlm.nih.gov/articles/PMC10670234/

Autor:	Livia Livinț Popa, Diana Chira, Ștefan Strilciuc, Dafin F Mureșanu	**Título:**	Non-Invasive Systems Application in Traumatic Brain Injury Rehabilitation
DOI:	10.3390/brainsci13111594	**Fecha:**	2023 Nov 15
Sitio web:	PubMed Central (PMC)	**Editorial:**	Brain Sciences

[s70] - https://www.ninds.nih.gov/health-information/disorders/traumatic-brain-injury-tbi

Título:	Traumatic Brain Injury (TBI)	**por:**	National Institute of Neurological Disorders and Stroke (NINDS)
Sitio web:	National Institute of Neurological Disorders and Stroke	**Editorial:**	National Institutes of Health (NIH)

[s71] - https://www.ninds.nih.gov/health-information/disorders/cerebral-palsy

Título:	Cerebral Palsy I National Institute of Neurological Disorders and Stroke	**por:**	National Institute of Neurological Disorders and Stroke (NINDS)
Sitio web:	National Institute of Neurological Disorders and Stroke	**Editorial:**	National Institute of Neurological Disorders and Stroke

[s72] - https://pmc.ncbi.nlm.nih.gov/articles/PMC10425702/

Autor:	Jitesh Kumar, Tirath Patel, Fnu Sugandh, Jyotishna Dev, Umesh Kumar, Maham Adeeb, Meet Popatbhai Kachhadia, Piyush Puri, FNU Prachi, Mohammad Uzair Zaman, Satesh Kumar, Giustino Varrassi, Abdul Rehman Shah Syed	**Título:**	Innovative Approaches and Therapies to Enhance Neuroplasticity and Promote Recovery in Patients With Neurological Disorders: A Narrative Review
DOI:	10.7759/cureus.41914	**Fecha:**	2023 Jul 15
Sitio web:	PubMed Central (PMC)	**Editorial:**	Cureus

[s73] - https://pmc.ncbi.nlm.nih.gov/articles/PMC10598326/

Autor:	Vaishnavi Zotey, Amol Andhale, Tejas Shegekar, Anup Juganavar	**Título:**	Adaptive Neuroplasticity in Brain Injury Recovery: Strategies and Insights
por:	Jawaharlal Nehru Medical College, Datta Meghe Institute of Higher Education and Research, Wardha, IND	**DOI:**	10.7759/cureus.45873
Fecha:	2023 Sep 24	**Sitio web:**	PubMed Central (PMC)
Editorial:	Cureus		

[s74] -
https://www.nia.nih.gov/health/alzheimers-causes-and-risk-factors/what-happens-brain-alzheimers-disease

Título:	What Happens to the Brain in Alzheimer's Disease?	**por:**	National Institute on Aging (NIA)
Sitio web:	National Institute on Aging		

[s75] - https://pmc.ncbi.nlm.nih.gov/articles/PMC6023993/

Autor:	Michelle E Watts, Roger Pocock, Charles Claudianos	**Título:**	Brain Energy and Oxygen Metabolism: Emerging Role in Normal Function and Disease
por:	The University of Queensland, Monash University, The Australian National University	**DOI:**	10.3389/fnmol.2018.00216
Fecha:	2018 Jun 22	**Sitio web:**	PubMed Central (PMC)
Editorial:	Frontiers in Molecular Neuroscience		

[s76] - https://pmc.ncbi.nlm.nih.gov/articles/PMC2805706/

Autor:	Fernando Gómez-Pinilla	**Título:**	Brain foods: the effects of nutrients on brain function
por:	University of California at Los Angeles School of Medicine	**DOI:**	10.1038/nrn2421
Fecha:	2008 Jul	**Sitio web:**	PubMed Central (PMC)
Editorial:	Nature reviews. Neuroscience		

[s77] - https://pubmed.ncbi.nlm.nih.gov/19337275/

Autor:	van Hall G, Strømstad M, Rasmussen P, Jans O, Zaar M, Gam C, Quistorff B, Secher NH, Nielsen HB.	**Título:**	Blood lactate is an important energy source for the human brain
DOI:	10.1038/jcbfm.2009.35	**Fecha:**	2009 Jun
Sitio web:	PubMed	**Editorial:**	J Cereb Blood Flow Metab

[s78] - https://www.ncbi.nlm.nih.gov/books/NBK28124/

Autor:	Roger F Butterworth	**Título:**	Brain Energy Metabolism
por:	National Center for Biotechnology Information (NCBI)	**Fecha:**	1999
Sitio web:	NCBI Bookshelf	**Editorial:**	Lippincott-Raven

[s79] - https://pubmed.ncbi.nlm.nih.gov/17579656/

Autor:	Simpson IA;Carruthers A;Vannucci SJ	**Título:**	Supply and demand in cerebral energy metabolism: the role of nutrient transporters
DOI:	10.1038/sj.jcbfm.9600521	**Fecha:**	2007 Nov
Sitio web:	PubMed	**Editorial:**	J Cereb Blood Flow Metab

[s80] - https://pmc.ncbi.nlm.nih.gov/articles/PMC4661798/

Autor:	Anna Falkowska, Izabela Gutowska, Marta Goschorska, Przemysław Nowacki, Dariusz Chlubek, Irena Baranowska-Bosiacka	**Título:**	Energy Metabolism of the Brain, Including the Cooperation between Astrocytes and Neurons, Especially in the Context of Glycogen Metabolism
por:	Pomeranian Medical University	**DOI:**	10.3390/ijms161125939
Fecha:	2015 Oct 29	**Sitio web:**	PMC (PubMed Central)
Editorial:	International Journal of Molecular Sciences		

[s81] - https://pmc.ncbi.nlm.nih.gov/articles/PMC4651462/

Autor:	Andy R Eugene, Jolanta Masiak	**Título:**	The Neuroprotective Aspects of Sleep
Fecha:	2015 Mar	**Sitio web:**	PubMed Central (PMC)
Editorial:	MEDtube science		

[s82] - https://pmc.ncbi.nlm.nih.gov/articles/PMC10605363/

Autor:	Corneliu Toader, Calin Petru Tataru, Ioan-Alexandru Florian, Razvan-Adrian Covache-Busuioc, Bogdan-Gabriel Bratu, Luca Andrei Glavan, Andrei Bordeianu, David-Ioan Dumitrascu, Alexandru Vlad Ciurea	**Título:**	Cognitive Crescendo: How Music Shapes the Brain's Structure and Function
DOI:	10.3390/brainsci13101390	**Fecha:**	2023 Sep 29
Sitio web:	PubMed Central (PMC)	**Editorial:**	Brain Sciences

[s83] - https://pmc.ncbi.nlm.nih.gov/articles/PMC3411899/

Autor:	Sarah M Rothman, Kathleen J Griffioen, Ruiqian Wan, Mark P Mattson	**Título:**	Brain-derived neurotrophic factor as a regulator of systemic and brain energy metabolism and cardiovascular health
por:	Laboratory of Neurosciences, National Institute on Aging Intramural Research Program, National Institutes of Health, Baltimore, Maryland	**DOI:**	10.1111/j.1749-6632.2012.06525.x
Fecha:	2012 Apr 30	**Sitio web:**	PubMed Central (PMC)
Editorial:	Annals of the New York Academy of Sciences		

[s84] - https://www.nia.nih.gov/health/brain-health/cognitive-health-and-older-adults

Título:	Cognitive Health and Older Adults	**por:**	National Institute on Aging (NIA)
Sitio web:	National Institute on Aging	**Editorial:**	National Institutes of Health (NIH)

[s85] - https://pmc.ncbi.nlm.nih.gov/articles/PMC4981537/

Autor:	Sarah E Cusick, Michael K Georgieff	**Título:**	The Role of Nutrition in Brain Development: The Golden Opportunity of the "First 1000 Days"
por:	University of Minnesota School of Medicine	**DOI:**	10.1016/j.jpeds.2016.05.013
Fecha:	2016 Jun 3	**Sitio web:**	PubMed Central (PMC)
Editorial:	The Journal of pediatrics		

[s86] - https://pmc.ncbi.nlm.nih.gov/articles/PMC6045434/

Autor:	Michael K Georgieff, Sara E Ramel, Sarah E Cusick	**Título:**	Nutritional Influences on Brain Development
por:	University of Minnesota Medical School	**DOI:**	10.1111/apa.14287
Fecha:	2018 Mar 22	**Sitio web:**	PubMed Central (PMC)
Editorial:	Acta paediatrica (Oslo, Norway : 1992)		

[s87] - https://pmc.ncbi.nlm.nih.gov/articles/PMC8839299/

Autor:	Marina Roberts, Terezie Tolar-Peterson, Abby Reynolds, Caitlin Wall, Nicole Reeder, Gina Rico Mendez	**Título:**	The Effects of Nutritional Interventions on the Cognitive Development of Preschool-Age Children: A Systematic Review
por:	Mississippi State University; Social Science Research Center	**DOI:**	10.3390/nu14030532
Fecha:	2022 Jan 26	**Sitio web:**	PubMed Central (PMC)
Editorial:	Nutrients		

[s88] - https://pmc.ncbi.nlm.nih.gov/articles/PMC2805706/
Autor: Fernando Gómez-Pinilla **Título:** Brain foods: the effects of nutrients on brain function
por: University of California at Los Angeles School of Medicine **DOI:** 10.1038/nrn2421
Fecha: 2008 Jul **Sitio web:** PubMed Central (PMC)
Editorial: Nature reviews. Neuroscience

[s89] - https://pmc.ncbi.nlm.nih.gov/articles/PMC3900881/
Autor: Philipp Mergenthaler, Ute Lindauer, Gerald A Dienel, Andreas Meisel **Título:** Sugar for the brain: the role of glucose in physiological and pathological brain function
DOI: 10.1016/j.tins.2013.07.001 **Fecha:** 2013 Aug 20
Sitio web: PubMed Central (PMC) **Editorial:** Trends in neurosciences

[s90] - https://pmc.ncbi.nlm.nih.gov/articles/PMC10526443/
Autor: Roy A Poblete, Shelby Yaceczko, Raya Aliakbar, Pravesh Saini, Saman Hazany, Hannah Breit, Stan G Louie, Patrick D Lyden, Arthur Partikian **Título:** Optimization of Nutrition after Brain Injury: Mechanistic and Therapeutic Considerations
DOI: 10.3390/biomedicines11092551 **Fecha:** 2023 Sep 17
Sitio web: PubMed Central (PMC)

[s91] - https://pmc.ncbi.nlm.nih.gov/articles/PMC10083484/
Autor: Seema Puri, Majida Shaheen, Bhanvi Grover **Título:** Nutrition and cognitive health: A life course approach
por: Department of Food and Nutrition, Institute of Home Economics, University of Delhi, New Delhi, India **DOI:** 10.3389/fpubh.2023.1023907
Fecha: 2023 Mar 27 **Sitio web:** PubMed Central (PMC)
Editorial: Frontiers in Public Health

[s92] - https://pmc.ncbi.nlm.nih.gov/articles/PMC8321864/
Autor: Kirsten Berding, Klara Vlckova, Wolfgang Marx, Harriet Schellekens, Catherine Stanton, Gerard Clarke, Felice Jacka, Timothy G Dinan, John F Cryan **Título:** Diet and the Microbiota–Gut–Brain Axis: Sowing the Seeds of Good Mental Health
DOI: 10.1093/advances/nmaa181 **Fecha:** 2021 Mar 9
Sitio web: PubMed Central (PMC) **Editorial:** Advances in Nutrition

[s93] - https://pmc.ncbi.nlm.nih.gov/articles/PMC10083484/
Autor: Seema Puri, Majida Shaheen, Bhanvi Grover **Título:** Nutrition and cognitive health: A life course approach
por: University of Delhi **DOI:** 10.3389/fpubh.2023.1023907
Fecha: 2023 Mar 27 **Sitio web:** PubMed Central (PMC)
Editorial: Frontiers in Public Health

[s94] - https://pmc.ncbi.nlm.nih.gov/articles/PMC2805706/
Autor: Fernando Gómez-Pinilla **Título:** Brain foods: the effects of nutrients on brain function
por: University of California at Los Angeles School of Medicine **DOI:** 10.1038/nrn2421
Fecha: 2008 Jul **Sitio web:** PubMed Central (PMC)
Editorial: Nature reviews. Neuroscience

[s95] - https://pmc.ncbi.nlm.nih.gov/articles/PMC3258094/

Autor: Fernando Gomez-Pinilla, Alexis G Gomez
Título: The Influence of Dietary Factors in Central Nervous System Plasticity and Injury Recovery
por: University of California Los Angeles Brain Injury Research Center
DOI: 10.1016/j.pmrj.2011.03.001
Fecha: 2011 Jun
Sitio web: PubMed Central (PMC)
Editorial: PM & R : the journal of injury, function, and rehabilitation

---

[s96] - https://pmc.ncbi.nlm.nih.gov/articles/PMC10843898/

Autor: Aron K Barbey, Teresa A Davis
Título: Nutrition and the Brain – Exploring Pathways for Optimal Brain Health Through Nutrition: A Call for Papers
por: National Library of Medicine (NLM)
DOI: 10.1016/j.tjnut.2023.10.026
Fecha: 2023 Nov 2
Sitio web: PubMed Central (PMC)
Editorial: The Journal of Nutrition

[s97] - https://pmc.ncbi.nlm.nih.gov/articles/PMC2077351/

Autor: Simon N Young
Título: How to increase serotonin in the human brain without drugs
por: McGill University
Fecha: 2007 Nov
Sitio web: PubMed Central (PMC)
Editorial: Journal of Psychiatry & Neuroscience : JPN

[s98] - https://pmc.ncbi.nlm.nih.gov/articles/PMC4772032/

Autor: David O Kennedy
Título: B Vitamins and the Brain: Mechanisms, Dose and Efficacy—A Review
por: Brain, Performance and Nutrition Research Centre, Northumbria University
DOI: 10.3390/nu8020068
Fecha: 2016 Jan 28
Sitio web: PubMed Central (PMC)
Editorial: Nutrients

[s99] - https://pmc.ncbi.nlm.nih.gov/articles/PMC9641984/

Autor: Ibrahim M Dighriri, Abdalaziz M Alsubaie, Fatimah M Hakami, Dalal M Hamithi, Maryam M Alshekh, Fatimah A Khobrani, Fatimah E Dalak, Alanoud A Hakami, Efham H Alsueaadi, Laila S Alsaawi, Saad F Alshammari, Abdullah S Alqahtani, Ibrahim A Alawi, Amal A Aljuaid, Mohammed Q Tawhari
Título: Effects of Omega-3 Polyunsaturated Fatty Acids on Brain Functions: A Systematic Review
DOI: 10.7759/cureus.30091
Fecha: 2022 Oct 9
Sitio web: PubMed Central (PMC)
Editorial: Cureus

[s100] - https://pmc.ncbi.nlm.nih.gov/articles/PMC2805706/

Autor: Fernando Gómez-Pinilla
Título: Brain foods: the effects of nutrients on brain function
por: University of California at Los Angeles School of Medicine
DOI: 10.1038/nrn2421
Fecha: 2008 Jul
Sitio web: PubMed Central (PMC)
Editorial: Nature reviews. Neuroscience

[s101] - https://pmc.ncbi.nlm.nih.gov/articles/PMC2475802/

Autor:	BJ Casey, Rebecca M Jones, Todd A Hare	**Título:**	The Adolescent Brain
por:	Sackler Institute, Weill Medical College of Cornell University; California Institute of Technology	**DOI:**	10.1196/annals.1440.010
Fecha:	2008 Mar	**Sitio web:**	PubMed Central (PMC)
Editorial:	Annals of the New York Academy of Sciences		

[s102] - https://pmc.ncbi.nlm.nih.gov/articles/PMC3004979/

Autor:	Britta K Hölzel, James Carmody, Mark Vangel, Christina Congleton, Sita M Yerramsetti, Tim Gard, Sara W Lazar	**Título:**	Mindfulness practice leads to increases in regional brain gray matter density
DOI:	10.1016/j.pscychresns.2010.08.006	**Fecha:**	2010 Nov 10
Sitio web:	PubMed Central (PMC)	**Editorial:**	Psychiatry research

[s103] - https://pmc.ncbi.nlm.nih.gov/articles/PMC9910279/

Autor:	Anna J Finley, Stacey M Schaefer	**Título:**	Affective Neuroscience of Loneliness: Potential Mechanisms underlying the Association between Perceived Social Isolation, Health, and Well-Being
por:	Institute on Aging, University of Wisconsin-Madison	**DOI:**	10.20900/jpbs.20220011
Fecha:	2022 Dec 26	**Sitio web:**	PubMed Central (PMC)
Editorial:	Journal of psychiatry and brain science		

[s104] - https://pmc.ncbi.nlm.nih.gov/articles/PMC2799712/

Autor:	Frank Krueger, Aron K Barbey, Kevin McCabe, Maren Strenziok, Giovanna Zamboni, Jeffrey Solomon, Vanessa Raymont, Jordan Grafman	**Título:**	The neural bases of key competencies of emotional intelligence
por:	National Institute of Neurological Disorders and Stroke, National Institutes of Health	**DOI:**	10.1073/pnas.0912568106
Fecha:	2009 Dec 22	**Sitio web:**	PubMed Central (PMC)
Editorial:	Proceedings of the National Academy of Sciences of the United States of America		

[s105] - https://pmc.ncbi.nlm.nih.gov/articles/PMC7181893/

Autor:	Marie Vandekerckhove, Yu-lin Wang	**Título:**	Emotion, emotion regulation and sleep: An intimate relationship
DOI:	10.3934/Neuroscience.2018.1.1	**Fecha:**	2017 Dec 1
Sitio web:	PubMed Central (PMC)	**Editorial:**	AIMS Neuroscience

[s106] - https://pmc.ncbi.nlm.nih.gov/articles/PMC3679190/

Autor:	Shian-Ling Keng, Moria J Smoski, Clive J Robins	**Título:**	Effects of Mindfulness on Psychological Health: A Review of Empirical Studies
DOI:	10.1016/j.cpr.2011.04.006	**Fecha:**	2011 May 13
Sitio web:	PubMed Central (PMC)		

[s107] - https://pmc.ncbi.nlm.nih.gov/articles/PMC2892678/

Autor:	Sara B Johnson, Robert W Blum, Jay N Giedd	**Título:**	Adolescent Maturity and the Brain: The Promise and Pitfalls of Neuroscience Research in Adolescent Health Policy
DOI:	10.1016/j.jadohealth.2009.05.016	**Fecha:**	2009 Sep
Sitio web:	PubMed Central (PMC)	**Editorial:**	The Journal of adolescent health : official publication of the Society for Adolescent Medicine

[s108] - https://pmc.ncbi.nlm.nih.gov/articles/PMC8395748/

Autor:	Richard D Lane, Ryan Smith	**Título:**	Levels of Emotional Awareness: Theory and Measurement of a Socio-Emotional Skill
DOI:	10.3390/jintelligence9030042	**Fecha:**	2021 Aug 19
Sitio web:	PubMed Central (PMC)	**Editorial:**	Journal of Intelligence

[s109] - https://pmc.ncbi.nlm.nih.gov/articles/PMC6756171/

Autor:	Kara L Kerr, Erin L Ratliff, Kelly T Cosgrove, Jerzy Bodurka, Amanda Sheffield Morris, W Kyle Simmons	**Título:**	Parental Influences on Neural Mechanisms Underlying Emotion Regulation
DOI:	10.1016/j.tine.2019.100118	**Fecha:**	2019 Jul 20
Sitio web:	PubMed Central (PMC)	**Editorial:**	Trends in neuroscience and education

[s110] - https://pmc.ncbi.nlm.nih.gov/articles/PMC5807001/

Autor:	J Hogeveen, C Salvi, J Grafman	**Título:**	'Emotional Intelligence': Lessons from Lesions
DOI:	10.1016/j.tins.2016.08.007	**Fecha:**	2016 Sep 17
Sitio web:	PubMed Central (PMC)	**Editorial:**	Trends in neurosciences

[s111] - https://pmc.ncbi.nlm.nih.gov/articles/PMC6866307/

Autor:	Song Wang, Yajun Zhao, Bochao Cheng, Xiuli Wang, Xun Yang, Taolin Chen, Xueling Suo, Qiyong Gong	**Título:**	The optimistic brain: Trait optimism mediates the influence of resting-state brain activity and connectivity on anxiety in late adolescence
por:	Huaxi MR Research Center (HMRRC), Department of Radiology, West China Hospital of Sichuan University; Department of Psychoradiology, Chengdu Mental Health Center; School of Sociology and Psychology, Southwest Minzu University; Department of Radiology, West China Second University Hospital of Sichuan University; Department of Psychology, School of Public Administration, Sichuan University	**DOI:**	10.1002/hbm.24222
Fecha:	2018 Jun 19	**Sitio web:**	PubMed Central (PMC)
Editorial:	Human Brain Mapping		

[s112] - https://pmc.ncbi.nlm.nih.gov/articles/PMC3491815/

Autor: Richard J Davidson, Bruce S McEwen
Título: Social influences on neuroplasticity: Stress and interventions to promote well-being
DOI: 10.1038/nn.3093
Fecha: 2012 Apr 15
Sitio web: PubMed Central (PMC)
Editorial: Nature neuroscience

[s113] - https://pmc.ncbi.nlm.nih.gov/articles/PMC3679190/

Autor: Shian-Ling Keng, Moria J Smoski, Clive J Robins
Título: Effects of Mindfulness on Psychological Health: A Review of Empirical Studies
por: PubMed Central (PMC)
DOI: 10.1016/j.cpr.2011.04.006
Fecha: 2011 May 13
Sitio web: PMC
Editorial: Clinical psychology review

[s114] - https://pmc.ncbi.nlm.nih.gov/articles/PMC4814782/

Autor: Christopher N Cascio, Matthew Brook O'Donnell, Francis J Tinney, Matthew D Lieberman, Shelley E Taylor, Victor J Strecher, Emily B Falk
Título: Self-affirmation activates brain systems associated with self-related processing and reward and is reinforced by future orientation
DOI: 10.1093/scan/nsv136
Fecha: 2015 Nov 5
Sitio web: PubMed Central (PMC)
Editorial: Oxford University Press

[s115] - https://pmc.ncbi.nlm.nih.gov/articles/PMC2908186/

Autor: Eric L Garland, Barbara Fredrickson, Ann M Kring, David P Johnson, Piper S Meyer, David L Penn
Título: Upward Spirals of Positive Emotions Counter Downward Spirals of Negativity: Insights from the Broaden-and-Build Theory and Affective Neuroscience on The Treatment of Emotion Dysfunctions and Deficits in Psychopathology
DOI: 10.1016/j.cpr.2010.03.002
Fecha: 2010 Mar 12
Sitio web: PubMed Central (PMC)

[s116] - https://pmc.ncbi.nlm.nih.gov/articles/PMC3679190/

Autor: Shian-Ling Keng, Moria J Smoski, Clive J Robins
Título: Effects of Mindfulness on Psychological Health: A Review of Empirical Studies
DOI: 10.1016/j.cpr.2011.04.006
Fecha: 2011 May 13
Sitio web: PubMed Central (PMC)

[s117] - https://pmc.ncbi.nlm.nih.gov/articles/PMC2921311/

Autor: Fatih Ozbay, Douglas C Johnson, Eleni Dimoulas, CA Morgan, III, Dennis Charney, Steven Southwick
Título: Social Support and Resilience to Stress: From Neurobiology to Clinical Practice
por: Yale University School of Medicine, National Center for PTSD, Clinical Neurosciences Division, VA Medical Center, Mount Sinai School of Medicine
Fecha: 2007 May
Sitio web: PubMed Central (PMC)
Editorial: Psychiatry (Edgmont)

[s118] - https://pmc.ncbi.nlm.nih.gov/articles/PMC7647439/

Autor:	Zev Schuman-Olivier, Marcelo Trombka, David A Lovas, Judson A Brewer, David R Vago, Richa Gawande, Julie P Dunne, Sara W Lazar, Eric B Loucks, Carl Fulwiler	**Título:**	Mindfulness and Behavior Change
DOI:	10.1097/HRP.0000000000000277	**Fecha:**	2020 Nov 6
Sitio web:	PMC (PubMed Central)		

[s119] - https://pmc.ncbi.nlm.nih.gov/articles/PMC1361287/

Autor:	Suzanne C Segerstrom, Gregory E Miller	**Título:**	Psychological Stress and the Human Immune System: A Meta-Analytic Study of 30 Years of Inquiry
DOI:	10.1037/0033-2909.130.4.601	**Fecha:**	2004 Jul
Sitio web:	PubMed Central (PMC)	**Editorial:**	Psychological bulletin

[s120] - https://pmc.ncbi.nlm.nih.gov/articles/PMC4449495/

Autor:	Dariush DFARHUD, Maryam MALMIR, Mohammad KHANAHMADI	**Título:**	Happiness & Health: The Biological Factors- Systematic Review Article
Fecha:	2014 Nov	**Sitio web:**	PubMed Central (PMC)
Editorial:	Iranian Journal of Public Health		

[s121] - https://pmc.ncbi.nlm.nih.gov/articles/PMC4814782/

Autor:	Christopher N Cascio, Matthew Brook O'Donnell, Francis J Tinney, Matthew D Lieberman, Shelley E Taylor, Victor J Strecher, Emily B Falk	**Título:**	Self-affirmation activates brain systems associated with self-related processing and reward and is reinforced by future orientation
DOI:	10.1093/scan/nsv136	**Fecha:**	2015 Nov 5
Sitio web:	PubMed Central (PMC)	**Editorial:**	Social Cognitive and Affective Neuroscience

[s122] - https://pmc.ncbi.nlm.nih.gov/articles/PMC3086654/

Autor:	Elysa Jill Marco, Leighton Barett Nicholas Hinkley, Susanna Shan Hill, Srikantan Subramanian Nagarajan	**Título:**	Sensory Processing in Autism: A Review of Neurophysiologic Findings
por:	University of California, San Francisco	**DOI:**	10.1203/PDR.0b013e3182130c54
Fecha:	2011 May	**Sitio web:**	PubMed Central (PMC)
Editorial:	Pediatric research		

[s123] - https://pmc.ncbi.nlm.nih.gov/articles/PMC6997554/

Autor:	Luigi Balasco, Giovanni Provenzano, Yuri Bozzi	**Título:**	Sensory Abnormalities in Autism Spectrum Disorders: A Focus on the Tactile Domain, From Genetic Mouse Models to the Clinic
por:	Center for Mind/Brain Sciences (CIMeC), University of Trento, Rovereto, Italy; Department of Cellular, Computational and Integrative Biology (CIBIO), University of Trento, Trento, Italy; CNR Neuroscience Institute, Pisa, Italy	**DOI:**	10.3389/fpsyt.2019.01016
Fecha:	2020 Jan 28	**Sitio web:**	PubMed Central (PMC)
Editorial:	Frontiers in Psychiatry		

[s124] - https://pmc.ncbi.nlm.nih.gov/articles/PMC4730891/

Autor:	Sarah H Baum, Ryan A Stevenson, Mark T Wallace	**Título:**	Behavioral, Perceptual, and Neural Alterations in Sensory and Multisensory Function in Autism Spectrum Disorder
por:	Vanderbilt University, University of Toronto	**DOI:**	10.1016/j.pneurobio.2015.09.007
Fecha:	2015 Oct 9	**Sitio web:**	PubMed Central (PMC)
Editorial:	Progress in neurobiology		

[s125] - https://pmc.ncbi.nlm.nih.gov/articles/PMC3010743/

Autor:	Kamila Markram, Henry Markram	**Título:**	The Intense World Theory – A Unifying Theory of the Neurobiology of Autism
por:	Ecole Polytechnique Fédérale de Lausanne	**DOI:**	10.3389/fnhum.2010.00224
Fecha:	2010 Dec 21	**Sitio web:**	PubMed Central (PMC)
Editorial:	Frontiers in Human Neuroscience		

[s126] - https://pmc.ncbi.nlm.nih.gov/articles/PMC5832686/

Autor:	Bianca Acevedo, Elaine Aron, Sarah Pospos, Dana Jessen	**Título:**	The functional highly sensitive brain: a review of the brain circuits underlying sensory processing sensitivity and seemingly related disorders
por:	University of California, Santa Barbara; Stony Brook University	**DOI:**	10.1098/rstb.2017.0161
Fecha:	2018 Feb 26	**Sitio web:**	PubMed Central (PMC)
Editorial:	Philosophical Transactions of the Royal Society B: Biological Sciences		

[s127] - https://pmc.ncbi.nlm.nih.gov/articles/PMC10209352/

Autor:	Patrick Dwyer, Svjetlana Vukusic, Zachary J Williams, Clifford D Saron, Susan M Rivera	**Título:**	"Neural Noise" in Auditory Responses in Young Autistic and Neurotypical Children
DOI:	10.1007/s10803-022-05797-4	**Fecha:**	2022 Nov 25
Sitio web:	PubMed Central (PMC)	**Editorial:**	Springer Open

[s128] - https://pmc.ncbi.nlm.nih.gov/articles/PMC4163495/

Autor:	Katherine Sullivan, Wendy L Stone, Geraldine Dawson	**Título:**	Potential neural mechanisms underlying the effectiveness of early intervention for children with autism spectrum disorder
por:	University of Washington, Duke University	**DOI:**	10.1016/j.ridd.2014.07.027
Fecha:	2014 Aug 8	**Sitio web:**	PubMed Central (PMC)
Editorial:	Research in developmental disabilities		

[s129] - https://pmc.ncbi.nlm.nih.gov/articles/PMC3086654/

Autor:	Elysa Jill Marco, Leighton Barett Nicholas Hinkley, Susanna Shan Hill, Srikantan Subramanian Nagarajan	**Título:**	Sensory Processing in Autism: A Review of Neurophysiologic Findings
por:	University of California, San Francisco	**DOI:**	10.1203/PDR.0b013e3182130c54
Fecha:	2011 May	**Sitio web:**	PubMed Central (PMC)
Editorial:	Pediatric research		

[s130] - https://pmc.ncbi.nlm.nih.gov/articles/PMC3010743/
Autor: Kamila Markram, Henry Markram **Título:** The Intense World Theory – A Unifying Theory of the Neurobiology of Autism
DOI: 10.3389/fnhum.2010.00224 **Fecha:** 2010 Dec 21
Sitio web: PubMed Central (PMC) **Editorial:** Frontiers in Human Neuroscience

[s131] - https://pmc.ncbi.nlm.nih.gov/articles/PMC9688360/
Autor: Gerry Leisman **Título:** On the Application of Developmental Cognitive Neuroscience in Educational Environments
DOI: 10.3390/brainsci12111501 **Fecha:** 2022 Nov 4
Sitio web: PubMed Central (PMC) **Editorial:** Brain Sciences

[s132] - https://pmc.ncbi.nlm.nih.gov/articles/PMC2077351/
Autor: Simon N Young **Título:** How to increase serotonin in the human brain without drugs
por: McGill University **Fecha:** 2007 Nov
Sitio web: PubMed Central (PMC) **Editorial:** Journal of Psychiatry & Neuroscience : JPN

[s133] - https://pmc.ncbi.nlm.nih.gov/articles/PMC2805706/
Autor: Fernando Gómez-Pinilla **Título:** Brain foods: the effects of nutrients on brain function
por: University of California at Los Angeles School of Medicine **DOI:** 10.1038/nrn2421
Fecha: 2008 Jul **Sitio web:** PubMed Central (PMC)
Editorial: Nature reviews. Neuroscience

[s134] - https://pmc.ncbi.nlm.nih.gov/articles/PMC5459260/
Autor: Melinda T Owens, Kimberly D Tanner **Título:** Teaching as Brain Changing: Exploring Connections between Neuroscience and Innovative Teaching
por: Science Education Partnership and Assessment Laboratory, San Francisco State University **DOI:** 10.1187/cbe.17-01-0005
Fecha: 2017 Summer **Sitio web:** PubMed Central (PMC)
Editorial: CBE Life Sciences Education

[s135] - https://pmc.ncbi.nlm.nih.gov/articles/PMC9775149/
Autor: Hagar Goldberg **Título:** Growing Brains, Nurturing Minds—Neuroscience as an Educational Tool to Support Students' Development as Life-Long Learners
por: University of British Columbia **DOI:** 10.3390/brainsci12121622
Fecha: 2022 Nov 26 **Sitio web:** PubMed Central (PMC)
Editorial: Brain Sciences

[s136] - https://pmc.ncbi.nlm.nih.gov/articles/PMC10410470/
Autor: Sruthi Sridhar; Abdulrahman Khamaj; Manish Kumar Asthana **Título:** Cognitive neuroscience perspective on memory: overview and summary
DOI: 10.3389/fnhum.2023.1217093 **Fecha:** 2023 Jul 26
Sitio web: PubMed Central (PMC) **Editorial:** Frontiers in Human Neuroscience

[s137] - https://pmc.ncbi.nlm.nih.gov/articles/PMC3004979/

Autor:	Britta K Hölzel, James Carmody, Mark Vangel, Christina Congleton, Sita M Yerramsetti, Tim Gard, Sara W Lazar	**Título:**	Mindfulness practice leads to increases in regional brain gray matter density
por:	Massachusetts General Hospital, Harvard Medical School, Boston, MA, USA; Bender Institute for Neuroimaging, Justus Liebig Universität Giessen, Germany; University of Massachusetts Medical School, Worcester, MA, USA	**DOI:**	10.1016/j.pscychresns.2010.08.006
Fecha:	2010 Nov 10	**Sitio web:**	PubMed Central (PMC)
Editorial:	Psychiatry research		

[s138] - https://www.nia.nih.gov/health/brain-health/cognitive-health-and-older-adults

Título:	Cognitive Health and Older Adults	**por:**	National Institute on Aging
Sitio web:	National Institute on Aging	**Editorial:**	National Institute of Health

[s139] - https://pmc.ncbi.nlm.nih.gov/articles/PMC2896818/

Autor:	C S Green, D Bavelier	**Título:**	Exercising Your Brain: A Review of Human Brain Plasticity and Training-Induced Learning
por:	University of Minnesota, University of Rochester	**DOI:**	10.1037/a0014345
Fecha:	2008 Dec	**Sitio web:**	PubMed Central (PMC)
Editorial:	American Psychological Association		

[s140] - https://pmc.ncbi.nlm.nih.gov/articles/PMC7366948/

Autor:	Gary W Small, Jooyeon Lee, Aaron Kaufman, Jason Jalil, Prabha Siddarth, Himaja Gaddipati, Teena D Moody, Susan Y Bookheimer	**Título:**	Brain health consequences of digital technology use
DOI:	10.31887/DCNS.2020.22.2/gsmall	**Fecha:**	2020 Jun
Sitio web:	PubMed Central (PMC)	**Editorial:**	Dialogues in Clinical Neuroscience

[s141] - https://pmc.ncbi.nlm.nih.gov/articles/PMC5926798/

Autor:	David A Raichlen, Gene E Alexander	**Título:**	Adaptive Capacity: An evolutionary-neuroscience model linking exercise, cognition, and brain health
por:	University of Arizona, Arizona Alzheimer's Consortium	**DOI:**	10.1016/j.tins.2017.05.001
Fecha:	2017 Jun 10	**Sitio web:**	PubMed Central (PMC)
Editorial:	Trends in neurosciences		

[s142] - https://pmc.ncbi.nlm.nih.gov/articles/PMC3004979/

Autor:	Britta K Hölzel, James Carmody, Mark Vangel, Christina Congleton, Sita M Yerramsetti, Tim Gard, Sara W Lazar	**Título:**	Mindfulness practice leads to increases in regional brain gray matter density
DOI:	10.1016/j.pscychresns.2010.08.006	**Fecha:**	2010 Nov 10
Sitio web:	PubMed Central (PMC)	**Editorial:**	Psychiatry research

[s143] - https://pmc.ncbi.nlm.nih.gov/articles/PMC3335430/

Autor:	Richard L Bryck, Philip A Fisher	**Título:**	Training the Brain: Practical Applications of Neural Plasticity From the Intersection of Cognitive Neuroscience, Developmental Psychology, and Prevention Science
por:	University of Oregon and Oregon Social Learning Center	**DOI:**	10.1037/a0024657
Fecha:	2011 Jul 25	**Sitio web:**	PubMed Central (PMC)
Editorial:	The American Psychologist		

[s144] - https://pmc.ncbi.nlm.nih.gov/articles/PMC7366948/

Autor:	Gary W Small, Jooyeon Lee, Aaron Kaufman, Jason Jalil, Prabha Siddarth, Himaja Gaddipati, Teena D Moody, Susan Y Bookheimer	**Título:**	Brain health consequences of digital technology use
por:	Department of Psychiatry and Biobehavioral Sciences and Semel Institute for Neuroscience and Human Behavior, the UCLA Longevity Center, David Geffen School of Medicine at the University of California, Los Angeles, California, US	**DOI:**	10.31887/DCNS.2020.22.2/gsmall
Fecha:	2020 Jun	**Sitio web:**	PubMed Central (PMC)
Editorial:	Dialogues in Clinical Neuroscience		

[s145] - https://pmc.ncbi.nlm.nih.gov/articles/PMC3622463/

Autor:	Denise C Park, Gérard N Bischof	**Título:**	The aging mind: neuroplasticity in response to cognitive training
por:	The Center for Vital Longevity, School of Brain and Behavioral Sciences, University of Texas at Dallas, Texas, USA	**DOI:**	10.31887/DCNS.2013.15.1/dpark
Fecha:	2013 Mar	**Sitio web:**	PubMed Central (PMC)
Editorial:	Dialogues in Clinical Neuroscience		

[s146] - https://pmc.ncbi.nlm.nih.gov/articles/PMC3445739/

Autor:	DM Curlik, 2nd; TJ Shors	**Título:**	Training your brain: Do mental and physical (MAP) training enhance cognition through the process of neurogenesis in the hippocampus?
por:	Rutgers University	**DOI:**	10.1016/j.neuropharm.2012.07.027
Fecha:	2012 Aug 5	**Sitio web:**	PubMed Central (PMC)
Editorial:	Neuropharmacology		

[s147] - https://pmc.ncbi.nlm.nih.gov/articles/PMC6429408/

Autor:	Martin Dresler, Anders Sandberg, Christoph Bublitz, Kathrin Ohla, Carlos Trenado, Aleksandra Mroczko-Wąsowicz, Simone Kühn, Dimitris Repantis	**Título:**	Hacking the Brain: Dimensions of Cognitive Enhancement
DOI:	10.1021/acschemneuro.8b00571	**Fecha:**	2018 Dec 14
Sitio web:	PubMed Central (PMC)	**Editorial:**	ACS Chemical Neuroscience

[s148] - https://www.nia.nih.gov/health/brain-health/cognitive-health-and-older-adults

Título:	Cognitive Health and Older Adults	**por:**	National Institute on Aging (NIA)
Sitio web:	National Institute on Aging	**Editorial:**	National Institutes of Health (NIH)

[s149] - https://pmc.ncbi.nlm.nih.gov/articles/PMC2896818/

Autor:	C S Green, D Bavelier	**Título:**	Exercising Your Brain: A Review of Human Brain Plasticity and Training-Induced Learning
por:	University of Minnesota, University of Rochester	**DOI:**	10.1037/a0014345
Fecha:	2008 Dec	**Sitio web:**	PubMed Central (PMC)

[s150] - https://pmc.ncbi.nlm.nih.gov/articles/PMC7366947/

Autor:	Margret R Hoehe, Florence Thibaut	**Título:**	Going digital: how technology use may influence human brains and behavior
por:	National Center for Biotechnology Information (NCBI)	**DOI:**	10.31887/DCNS.2020.22.2/mhoehe
Fecha:	2020 Jun	**Sitio web:**	PubMed Central (PMC)
Editorial:	Dialogues in Clinical Neuroscience		

[s151] - https://pmc.ncbi.nlm.nih.gov/articles/PMC7366944/

Autor:	Martin Korte	**Título:**	The impact of the digital revolution on human brain and behavior: where do we stand?
por:	Department of Cellular Neurobiology, Zoological Institute, TU Braunschweig, Germany; Helmholtz Centre for Infection Research, Neuroinflammation and Neurodegeneration Group, Braunschweig, Germany	**DOI:**	10.31887/DCNS.2020.22.2/mkorte
Fecha:	2020 Jun	**Sitio web:**	PubMed Central (PMC)
Editorial:	Dialogues in Clinical Neuroscience		

[s152] - https://pmc.ncbi.nlm.nih.gov/articles/PMC7075496/

Autor:	Kevin P Madore, Anthony D Wagner	**Título:**	Multicosts of Multitasking
por:	National Center for Biotechnology Information (NCBI)	**Fecha:**	2019 Apr 1
Sitio web:	PubMed Central (PMC)	**Editorial:**	Cerebrum: the Dana Forum on Brain Science

[s153] - https://pmc.ncbi.nlm.nih.gov/articles/PMC6176627/

Autor:	Melina R Uncapher, Anthony D Wagner	**Título:**	Minds and brains of media multitaskers: Current findings and future directions
DOI:	10.1073/pnas.1611612115	**Fecha:**	2018 Oct 1
Sitio web:	PubMed Central (PMC)	**Editorial:**	Proceedings of the National Academy of Sciences of the United States of America

[s154] - https://pmc.ncbi.nlm.nih.gov/articles/PMC7366948/

Autor:	Gary W Small, Jooyeon Lee, Aaron Kaufman, Jason Jalil, Prabha Siddarth, Himaja Gaddipati, Teena D Moody, Susan Y Bookheimer	**Título:**	Brain health consequences of digital technology use
por:	Department of Psychiatry and Biobehavioral Sciences and Semel Institute for Neuroscience and Human Behavior, the UCLA Longevity Center, David Geffen School of Medicine at the University of California, Los Angeles, California, US	**DOI:**	10.31887/DCNS.2020.22.2/gsmall
Fecha:	2020 Jun	**Sitio web:**	PubMed Central (PMC)
Editorial:	Dialogues in Clinical Neuroscience		

[s155] - https://pmc.ncbi.nlm.nih.gov/articles/PMC10504808/

Autor:	Ido Hartogsohn, Amir Vudka	**Título:**	Technology and addiction: What drugs can teach us about digital media
por:	Bar Ilan University, Amsterdam University	**DOI:**	10.1177/13634615221105116
Fecha:	2022 Jul 7	**Sitio web:**	PubMed Central (PMC)
Editorial:	Transcultural Psychiatry		

[s156] - https://pmc.ncbi.nlm.nih.gov/articles/PMC6430174/

Autor:	Jason M Lodge, William J Harrison	**Título:**	The Role of Attention in Learning in the Digital Age
Fecha:	2019 Mar 25	**Sitio web:**	PubMed Central (PMC)
Editorial:	The Yale Journal of Biology and Medicine		

[s157] - https://pmc.ncbi.nlm.nih.gov/articles/PMC7075496/

Autor:	Kevin P Madore, Anthony D Wagner	**Título:**	Multicosts of Multitasking
Fecha:	2019 Apr 1	**Sitio web:**	PubMed Central (PMC)
Editorial:	Cerebrum: the Dana Forum on Brain Science		

[s158] - https://pmc.ncbi.nlm.nih.gov/articles/PMC6430174/

Autor:	Jason M Lodge, William J Harrison	**Título:**	The Role of Attention in Learning in the Digital Age
por:	PubMed Central (PMC)	**Fecha:**	2019 Mar 25
Sitio web:	PMC	**Editorial:**	The Yale Journal of Biology and Medicine

[s159] - https://pmc.ncbi.nlm.nih.gov/articles/PMC7366948/

Autor:	Gary W Small, Jooyeon Lee, Aaron Kaufman, Jason Jalil, Prabha Siddarth, Himaja Gaddipati, Teena D Moody, Susan Y Bookheimer	**Título:**	Brain health consequences of digital technology use
DOI:	10.31887/DCNS.2020.22.2/gsmall	**Fecha:**	2020 Jun
Sitio web:	PubMed Central (PMC)	**Editorial:**	Dialogues in Clinical Neuroscience

Fuentes de imágenes

Las imágenes no listadas son de creación propia o fueron adquiridas con la licencia correspondiente. Todos los derechos están reservados para estas imágenes.

Para todas las demás imágenes listadas aquí:
Ninguna de las imágenes fue modificada, solo se ajustó la resolución. En la versión eBook, las imágenes se compilaron en collages numerados. Todas las imágenes permanecen sujetas a su licencia original y se utilizan de acuerdo con sus respectivos términos de licencia. Si descubre errores de atribución u otras discrepancias, contáctenos.

Fecha de la revisión final de la imagen: 2025-02-13.

Licencia utilizada

CC0 http://creativecommons.org/publicdomain/zero/1.0/deed.en

Créditos de imágenes

[i1] - 001_001_002_image_axon.jpeg
https://upload.wikimedia.org/wikipedia/commons/1/19/Giant_Axon_of_Squid_%2814356033761%29.jpg

Date:	2014-06-06	**por:**	Netha Hussain
Artista:	NIH History Office	**License:**	Public domain

[i2] - 001_001_002_image_elektronenmikroskop.jpeg
https://upload.wikimedia.org/wikipedia/commons/f/f9/Flea_Scanning_Electron_Micrograph_False_Color.jpg

Date:	2009-08-04	**por:**	Raeky
Artista:	CDC/Janice Haney Carr	**License:**	Public domain

[i3] - 001_001_003_image_creb.jpeg
https://upload.wikimedia.org/wikipedia/commons/4/40/PDB_3dwy_EBI.png

Date:	2009-06-17	**por:**	DonabelSDSU.bot
Artista:	European Bioinformatics Institute	**License:**	Public domain

[i4] - 001_001_003_image_enzyme.jpeg
https://upload.wikimedia.org/wikipedia/commons/1/1c/TPI1_structure.png

Date:	2008-02-27	**por:**	AzaToth
Artista:	Aza	**License:**	Public domain

[i5] - 001_001_003_image_gaba.jpeg
https://upload.wikimedia.org/wikipedia/commons/5/55/GABA_3D_ball.png

Date:	2011-07-24	**por:**	Jynto
License:	CC0		

[i6] - 001_002_001_image_amygdala.jpeg
https://upload.wikimedia.org/wikipedia/commons/9/9d/Amygdala_position.png

Date:	2008-01-16	**por:**	Gustavocarra
Artista:	Unknown authorUnknown author	**License:**	Public domain

[i7] - 001_002_002_image_parietallappen.jpeg
https://upload.wikimedia.org/wikipedia/commons/c/cf/Gross_pathology_of_an_old_cerebral_stroke.jpg

Date:	2021-05-27	**por:**	Mikael Häggström
License:	CC0		

[i8] - 001_002_003_image_anteriore_insula.jpeg
https://upload.wikimedia.org/wikipedia/commons/f/fa/Insular_cortex_of_human_brain_%28left_hemisphere%29.jpg

Date:	2010-10-17	**por:**	KristenLindquist
License:	CC0		

[i9] - 001_003_001_image_elektroenzephalographie.jpeg
https://upload.wikimedia.org/wikipedia/commons/b/bf/EEG_cap.jpg

Date:	12 June 2010	**por:**	Mark viking
Artista:	Thuglas	**License:**	Public domain

[i10] - 001_003_001_image_magnetoenzephalographie.jpeg
https://upload.wikimedia.org/wikipedia/commons/e/e6/NIMH_MEG.jpg

Date:	2009-06-30	**por:**	Oaktree b
Artista:	Unknown NIMH author	**License:**	Public domain

[i11] - 001_003_001_image_magnetresonanztomographie.jpeg
https://upload.wikimedia.org/wikipedia/commons/8/87/Functional_magnetic_resonance_imaging.jpg

Date:	2004-03-08	**por:**	Superborsuk
Artista:	Washington irving	**License:**	Public domain

[i12] - 001_003_001_image_positronenemissionstomographie.jpeg
https://upload.wikimedia.org/wikipedia/commons/2/2a/Pet_scan_of_brain_tumor.jpg

Date:	desconocido	**por:**	Fæ
Artista:	Unknown photographer	**License:**	Public domain

[i13] - 001_003_002_image_gehirncomputerschnittstellen.jpeg
https://upload.wikimedia.org/wikipedia/commons/4/42/Brain-computer_interface_%28BCI%29_system.jpg

Date:	2014-09-18	**por:**	HgDeviasse
Artista:	https://www.nlm.nih.gov/medlineplus/magazine/issues/summer07/articles/summer07pg20-21.html	**License:**	Public domain

[i14] - 001_003_002_image_neuroplastizitaet.jpeg
https://upload.wikimedia.org/wikipedia/commons/d/de/Neuroplasticity.jpg

Date:	2020-11-11	**por:**	Neuroscience49
Artista:	Lauren Moriarty	**License:**	CC0

[i15] - 001_003_002_image_repetitive_transkranielle_magnetstimulation.jpeg
https://upload.wikimedia.org/wikipedia/commons/6/67/Transcranial_magnetic_stimulation.jpg

Date:	2009-08-11	**por:**	Was a bee
Artista:	Eric Wassermann, M.D.	**License:**	Public domain

[i16] - 001_003_003_image_neurofeedback.jpeg
https://upload.wikimedia.org/wikipedia/commons/f/fb/EEG_early_studies_edited.jpg

Date:	2022-04-23	**por:**	Ras67
Artista:	D Smith	**License:**	Public domain

[i17] - 001_003_003_image_neurophysiologe.jpeg
https://upload.wikimedia.org/wikipedia/commons/9/98/John_Bates_Thurston_%281836%E2%80%931897%29.png

Date:	1895-05-22	**por:**	Nick Number
Artista:	Unknown authorUnknown author	**License:**	Public domain

[i18] - 001_003_003_image_artefakt_eeg.jpeg
https://upload.wikimedia.org/wikipedia/commons/5/5e/Sleep_EEG_REM.png

Date:	19 September 2005	**por:**	OgreBot
Artista:	MrSandman	**License:**	Public domain

[i19] - 002_001_001_image_neurale_vorlaeuferzelle.jpeg
https://upload.wikimedia.org/wikipedia/commons/d/d5/Nanoparticles_in_a_Neural_Cell_%2816017132266%29.jpg

Date:	2014-12-01	**por:**	Vanished Account Byeznhpyxeuztibuo
Artista:	National Institute of Standards and Technology	**License:**	Public domain

[i20] - 002_003_001_image_neurogenese.jpeg
https://upload.wikimedia.org/wikipedia/commons/8/82/Multifunctional_non-histone_chromatin_protein_PC4_is_critical_for_genome_organization_and_neurogenesis.png

Date:	2006-09-18	**por:**	Yeeshushrm123
Artista:	Tapas Kumar kundu	**License:**	CC0

[i21] - 002_003_001_image_dopamin.jpeg
https://upload.wikimedia.org/wikipedia/commons/d/d1/Dopamine-3D-struct.png

Date:	22 September 2009	**por:**	File Upload Bot (Magnus Manske)
Artista:	Chemgirl131	**License:**	Public domain

[i22] - 003_001_003_image_botulinumtoxin.jpeg
https://upload.wikimedia.org/wikipedia/commons/6/63/Botulinum_A1_6DKK.png

Date:	2020-04-09	**por:**	5-HT2AR
License:	CC0		

[i23] - 003_001_003_image_orthese.jpeg
https://upload.wikimedia.org/wikipedia/commons/2/27/Custom_ankle-foot_orthotic.png

Date:	2024-06-06	**por:**	Whoisjohngalt
License:	CC0		

[i24] - 003_001_003_image_schlaganfall.jpeg
https://upload.wikimedia.org/wikipedia/commons/7/74/Histopathology_of_ischemic_stroke_of_the_thalamus_at_approximately_24_hours.jpg

Date:	2021-04-15	**por:**	Mikael Häggström
License:	CC0		

[i25] - 003_002_001_image_astrozyt.jpeg
https://upload.wikimedia.org/wikipedia/commons/2/29/Astrocyte_Green1.jpg

Date:	1990-06-01	**por:**	Dantecat
License:	Public domain		

[i26] - 003_002_003_image_glymphatisches_system.jpeg
https://upload.wikimedia.org/wikipedia/commons/4/43/Astrocytes.jpg

Date:	10/1/12	**por:**	Jacopo Werther
Artista:	Jeffery J. Iliff	**License:**	Public domain

[i27] - 003_002_003_image_schlafarchitektur.jpeg
https://upload.wikimedia.org/wikipedia/commons/3/3a/A_child_sleeping.jpg

Date:	2007-04-23	**por:**	Alessandro Zangrilli
License:	Public domain		

[i28] - 003_003_002_image_bluthirnschranke.jpeg
https://upload.wikimedia.org/wikipedia/commons/3/39/Unctional_complex_and_pinocytotic_vesicles_-_embr yonic_brain_-_TEM.jpg

Date:	2006-11-02	**por:**	Patho
Artista:	Louisa Howard, Miguel Marin-Padilla	**License:**	Public domain

[i29] - 003_003_003_image_neuronale_regeneration.jpeg
https://upload.wikimedia.org/wikipedia/commons/5/5c/Polina_Anikeeva_for_National_Science_Foundation.jp g

Date:	2016-02-29	**por:**	GRuban
Artista:	Credit: National Science Foundation	**License:**	Public domain

[i30] - 004_001_001_image_posterior_cingulaerer_kortex.jpeg
https://upload.wikimedia.org/wikipedia/commons/d/de/MRI_posterior_cingulate.png

Date:	2011-09-08	**por:**	Jul059
Artista:	Geoff B Hall	**License:**	CC0

[i31] - 004_001_002_image_metakognition.jpeg
https://upload.wikimedia.org/wikipedia/commons/d/d8/Open_head_with_letters.jpg

por:	Anvilaquarius	**Artista:**	Unknown authorUnknown author
License:	Public domain		

[i32] - 004_001_003_image_perspektivuebernahme.jpeg
https://upload.wikimedia.org/wikipedia/commons/b/b9/Taking_a_new_perspective_to_the_CN_Tower_%28U nsplash%29.jpg

Date:	2017-01-31	**por:**	Fæ
Artista:	alx_andru	**License:**	CC0

[i33] - 004_001_003_image_achtsamkeit.jpeg
https://upload.wikimedia.org/wikipedia/commons/c/c1/School_children_meditating.jpg

Date:	2014-10-13	**por:**	Farang Rak Tham
Artista:	Kochphon (Honey) Onshawee	**License:**	CC0

[i34] - 004_002_001_image_orbitofrontaler_kortex.jpeg
https://upload.wikimedia.org/wikipedia/commons/f/f6/MRI_of_orbitofrontal_cortex.jpg

Date:	2006-03-08	**por:**	Choms
Artista:	talk	**License:**	Public domain

[i35] - 004_002_002_image_cortisol.jpeg
https://upload.wikimedia.org/wikipedia/commons/0/06/Cortisol-3D-spacefill.png

Date:	2011-03-12	**por:**	Jynto
License:	CC0		

[i36] - 004_002_002_image_dhea.jpeg
https://upload.wikimedia.org/wikipedia/commons/e/e3/Dehydroepiandrosterone_molecule_ball.png

Date:	2018-03-25	**por:**	Jynto
License:	CC0		

[i37] - 004_002_002_image_selbstmitgefuehl.jpeg
https://upload.wikimedia.org/wikipedia/commons/f/f3/Compassion_Nederland.jpg

Date:	2015-06-28	**por:**	Apdency
License:	CC0		

[i38] - 004_002_003_image_belohnungszentrum.jpeg
https://upload.wikimedia.org/wikipedia/commons/9/9a/Okihide_Hikosaka_DSC_8070.jpg

Date:	2019	**por:**	Oaktree b
Artista:	Unknown authorUnknown author	**License:**	Public domain

[i39] - 004_003_002_image_gehirn.jpeg
https://upload.wikimedia.org/wikipedia/commons/5/50/Computed_tomography_of_human_brain_-_large.png

Date:	Uploaded	**por:**	Shashi.
Artista:	Mikael Häggström	**License:**	CC0

[i40] - 004_003_003_image_laermschutzkopfhoerer.jpeg
https://upload.wikimedia.org/wikipedia/commons/f/fd/Bose_QC2_in_Case_1.jpg

Date:	12 August 2005	**por:**	File Upload Bot (Magnus Manske)
Artista:	Mark Kim	**License:**	Public domain

[i41] - 004_003_003_image_yoga.jpeg
https://upload.wikimedia.org/wikipedia/commons/2/20/Yoga_Room_-_11_RAW-Export_%28Sergej_Majboroda_via_Poly_Haven%29.png

Date:	08.3.2023	**por:**	PantheraLeo1359531
Artista:	https://polyhaven.com/all?a=Sergej%20Majboroda	**License:**	CC0

[i42] - 004_003_003_image_neokortex.jpeg
https://upload.wikimedia.org/wikipedia/commons/6/67/Neocortex-thalamus-brainstem.jpg

Date:	2005-11-30	**por:**	U3116429
Artista:	John A Beal, PhD Dep't. of Cellular Biology & Anatomy, Louisiana State University Health Sciences Center Shreveport	**License:**	CC0

[i43] - 005_001_002_image_hippocampus.jpeg
https://upload.wikimedia.org/wikipedia/commons/c/c9/Hippocampus-mri.jpg

Date:	2006-05-31	**por:**	Mfirbank
Artista:	Michael Firbank	**License:**	Public domain

[i44] - 005_002_003_image_kognitive_funktionen.jpeg
https://upload.wikimedia.org/wikipedia/commons/c/c9/Cognitive_Performance_%288638274%29.jpg

Date:	Taken	**por:**	OptimusPrimeBot
Artista:	Nathan Baker	**License:**	Public domain

[i45] - 005_002_003_image_kognitives_training.jpeg
https://upload.wikimedia.org/wikipedia/commons/4/4f/Cognitive_Performance_%288638272%29.jpg

Date:	Taken	**por:**	OptimusPrimeBot
Artista:	Nathan Baker	**License:**	Public domain

[i46] - 005_003_001_image_weisse_substanz.jpeg
https://upload.wikimedia.org/wikipedia/commons/b/be/Histopathology_of_brain_sand_%28corpus_arenaceum%29_in_cerebral_white_matter.jpg

Date:	2021-03-30	**por:**	Mikael Häggström
License:	CC0		

[i47] - 005_003_003_image_intervention.jpeg
https://upload.wikimedia.org/wikipedia/commons/8/82/White_Matter_Lesions_%2848601156232%29.jpg

Date:	2019-08-08	**por:**	Ser Amantio di Nicolao
Artista:	NIH Image Gallery	**License:**	Public domain